改訂新版
平面図形の幾何学

難波 誠 著

現代数学社

序文

　幾何学は図形に関連する数学である．非常に古い歴史を持ち，数知れない多くの人々の知恵が蓄積されて，不思議な定理，鮮やかな証明法，おどろくべきアイデアなどが，各所に美しい宝石のようにちりばめられて輝いている．

　本書は主として平面図形に関して，これらのことを紹介し，幾何学の面白さを伝えることを目的としている．

　中学，高校で学ぶ幾何学は，いよいよこれから面白くなると言う場所で終っている．カリキュラムの制約上，やむを得ないとは言え，残念である．本書は言わば，その続きとして書かれている．

　ひとつの定理に複数の証明をあたえている場合があるが，どの証明法も高校の数学を用いたものばかりである．（ただし，後半の第2章で，行列式があらわれる場所がある．行列式は大学1年で学ぶ．）読者は高校で学びつつある（学んだ）いろいろな数学が，自由にダイナミックに使われるのを見て，「数学の一体感」を実感することと思う．

　本書は，前半の第1章と，後半の第2章に分かれていて，前半で主として「直線と円の幾何学」を話し，後半で主として「円錐曲線の幾何学」を話した．

　本書は雑誌『理系への数学』に連載した記事を元に，いろいろ（場所によっては大量に）書き加えたものである．節が変わると，前節の復習が出てくることがあるのは，そのせいである．そこの部分はカットすべきかと考えたが，復習も大切と思い，そのままにした．

　最後に，本書の出版に際してお世話になった現代数学社編集部の皆さんに，感謝致します．

2007 年 12 月

難波　誠

改訂新版によせて

　この改訂新版の刊行に際し，旧版を詳細に調べて，多くのミス，語句，記号を訂正しました．さらに，第 8 節と第 9 節の最後に，それぞれ，定理 8.5 と定理 9.6 を追加して，両節での議論をわかりやすくしました．しかし，文章そのものは，旧版の雰囲気を保存したいと思い，訂正しませんでした．

　この改訂新版に，付録として，「有理数体上の幾何学」を追加しようと考えたのですが，長くなりすぎたため，他の本に入れることにしました．「多項式と幾何学（仮題）」現代数学社，2025 年刊行予定，がそれです．

　お世話になりました現代数学社の富田淳氏と皆さんに感謝いたします．

2024 年 12 月

難波　誠

目　次

序　文

第1章　直線と円の幾何学 ………………………………………………1

第1節　垂心の不思議 ……………………………………………2

1.1　三角形の垂心　*2*

1.2　定理 1.1 の証明　*2*

1.3　垂心の性質　*6*

1.4　ある最小問題　*8*

第2節　直線と円に関する諸定理 ………………………………10

2.1　九点円　*10*

2.2　シムソンの定理　*15*

2.3　シムソンの定理の拡張　*18*

2.4　トレミーの定理と正五角形　*19*

第3節　美しいモーレーの定理 …………………………………25

3.1　モーレーの定理　*25*

3.2　角の三等分について　*30*

3.3　先生方を悩ます難問　*32*

第4節　反転とその応用 …………………………………………34

4.1　線対称　*34*

4.2　方巾（ほうべき）の定理　*37*

4.3　反　転　*38*

4.4　反転の応用　*41*

第5節　反転と双曲幾何学 ………………………………………45

5.1　シュタイナーの定理　*45*

5.2　反転法の復習　*45*

5.3　根軸と焦点　*48*

5.4　定理 5.1 の証明　*51*

5.5　双曲幾何学とは何か　*52*

5.6　ポアンカレモデル　*54*

5.7　双曲平面の鏡映　*55*

5.8　複素数平面について　　*55*

　第6節　幾何学における諸問題 ……………………………………………… *59*
　　6.1　問題へのアプローチ　　*59*
　　6.2　定角内の定点に関する問題　　*59*
　　6.3　面積の最大問題　　*63*
　　6.4　長さの最小問題　　*67*
　　6.5　面積を半分に分ける作図　　*70*
　　6.6　円の作図　　*72*
　　6.7　軌跡問題　　*74*
　　6.8　計量問題　　*79*

第2章　円錐曲線の幾何学 …………………………………………… *87*

　第7節　円錐曲線 ……………………………………………………………… *88*
　　7.1　楕円，双曲線，放物線　　*88*
　　7.2　円錐曲線の名の由来　　*90*
　　7.3　楕円，双曲線の準線　　*92*
　　7.4　楕円の極座標表示　　*95*
　　7.5　ケプラーの法則　　*96*

　第8節　二次曲線 ……………………………………………………………… *98*
　　8.1　円錐曲線は二次曲線　　*98*
　　8.2　円錐曲線の接線　　*102*
　　8.3　極と極線　　*106*

　第9節　パスカルの定理 …………………………………………………… *109*
　　9.1　パスカル16才の発見　　*109*
　　9.1　円の場合の定理の証明　　*110*
　　9.3　円の場合の他の証明　　*111*
　　9.4　円の場合への帰着　　*113*
　　9.5　代数的証明　　*115*
　　9.6　パップスの定理　　*118*

　第10節　ブリアンションの定理と双対原理 …………………………… *120*
　　10.1　パスカルの定理とその周辺　　*120*
　　10.2　極と極線（再論）　　*123*

10.3 ブリアンションの定理　*125*

10.4 ブリアンションの定理の周辺　*126*

10.5 ポンスレーの双対原理　*127*

10.6 射影平面　*127*

第11節　デザルグの定理と射影平面 ……………………………………………… *132*

11.1 デザルグの定理　*132*

11.2 反　省　*134*

11.3 射影平面についての復習　*136*

11.4 デザルグの定理の代数的証明　*138*

11.5 デザルグの定理の三次元幾何的証明　*140*

11.6 双対平面と双対定理　*144*

第12節　三次曲線の神秘 ………………………………………………………… *148*

12.1 二次曲線のパラメーター族　*148*

12.2 ニュートンによる三次曲線の分類　*150*

12.3 三次曲線の神秘　*153*

12.4 三次曲線のパラメーター族　*155*

演習問題の解答 …………………………………………………………………… *159*

参考文献 …………………………………………………………………………… *177*

索　引……………………………………………………………………………… *178*

第1章

直線と円の幾何学

第1節 垂心の不思議

1.1 三角形の垂心

私が幾何学を学んだとき，最初に不思議に思いひきつけられたのは垂心である：

定理 1.1（垂心の存在定理）

三角形 △ABC の各頂点から対辺に垂線を下ろすと，それら3垂線は1点で交わる（図1.1）（この交点を**垂心**と呼ぶ）．

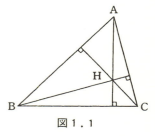

図 1.1

これはとても不思議な定理で，はじめて学んだとき，いろいろな三角形を描いて確かめ，感心したおぼえがある．（鈍角三角形のときは，図1.1のHとAが交換されている図になる．）**「定理だから」とうのみにせず，自分でいろいろ確かめることが非常に大切である．**

私には，三角形の五心のうち，この垂心が不思議だった．外心，内心はそれぞれ三角形の外接円，内接円の中心だから不思議に見えず，傍心も内心と同様だし，重心は物理的理由（三角形が均一な薄い板でできているとしたとき，そのつり合いの中心）で不思議に見えなかった．ひとり垂心だけが不思議だった．

1.2 定理1.1の証明

垂心の存在証明を4つあげよう．

●**第1証明**● これは高校の教科書にあった証明で，一種トリッキーな証明である：図1.2のように，△ABC の各辺の中点を中心に180°回転した三

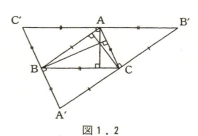

図 1.2

角形を 3 個作り，それらを合わせた大きい三角形 △A′B′C′ を作る．BC と C′B′ は平行である．他の辺も同様である．さて，△A′B′C′ の外心は存在するが，それが △ABC の垂心にほかならない． 証明終

　もちろん教科書には，垂心の前に外心の説明（各辺の垂直二等分線は 1 点で交わる．それが外心．）がされていた．垂心は 5 心の一番最後になっていた．

●第 2 証明● これは円周角の定理を応用するものである：図 1.3 のように，頂点 B から対辺に下ろした垂線（その足を E）と，C から対辺に下ろした垂線（その足を F）との交点を H とおく．AH と BC が垂直に交わることを示せばよい．

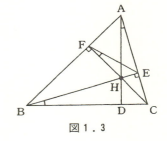

図 1.3

　四角形 AFHE は（∠AFH＝∠AEH＝90° なので）円に内接する．ゆえに

$$\angle EAH = \angle EFC \quad \cdots(1)$$

一方，四角形 BFEC も（∠BFC＝∠BEC＝90° より）円に内接するので

$$\angle EFC = \angle EBC \quad \cdots(2)$$

(1)と(2)より

$$\angle EAH = \angle EBC.$$

これは四角形 ABDE が円に内接することを意味し，とくに

$$\angle HDB = \angle AEH = 90°$$

証明終

　この証明で用いられた円周角の定理は，基本的に重要なので，ここでのべておく：

定理 1.2（円周角の定理）
(イ) 円に内接する四角形 ABCD においては，(イ-ⅰ) ∠BAC＝∠BDC（図 1.4）．(イ-ⅱ) ∠A＋∠C＝∠B＋∠D＝180°（図 1.5）．(ロ) 逆に四角形 ABCD において，(イ-ⅰ) または (イ-ⅱ) の関係式がみたされたら，この四角形は円に内接する．

　上記，第 2 証明では，この(ロ)が繰り返し用いられた．((ロ)は，円周角の定理の逆定理とも呼ばれる．）なお，円周角の定理の(イ-ⅰ)においては

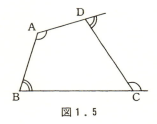

図1.4　　　　　　　図1.5

$$\angle BAC = \angle BDC = \frac{1}{2}\angle BOC$$

（Oは円の中心）でもある．∠BACは**円周角**，∠BOCは**中心角**とよぶ．

●**第3証明**●　これはチェバの定理を用いるものである：図1.6のように各頂点から対辺に下ろした垂線の足をD, E, Fとする．簡単のため
$$\angle A = \alpha,\ \angle B = \beta,\ \angle C = \gamma$$
$$BC = a,\ CA = b,\ AB = c$$
とおけば
$$BD = c\cos\beta$$

図1.6

などがなりたつ．したがって
$$\frac{CD}{BD}\cdot\frac{AE}{CE}\cdot\frac{BF}{AF} = \frac{b\cos\gamma}{c\cos\beta}\cdot\frac{c\cos\alpha}{a\cos\gamma}\cdot\frac{a\cos\beta}{b\cos\alpha} = 1$$
となる．それゆえ，チェバの定理よりAD, BE, CFは1点で交わる．

証明終

この証明で用いられたチェバの定理をのべておく：

定理1.3（チェバの定理）

(イ)　三角形△ABCの辺またはその延長上にない点Pをとる．頂点A, B, CとPを結ぶ直線が対辺またはその延長と交わる点をそれぞれD, E, Fとすると
$$\frac{CD}{BD}\cdot\frac{AE}{CE}\cdot\frac{BF}{AF} = 1\ \ （図1.7）.$$

(ロ)　逆に
$$\frac{CD}{BD}\cdot\frac{AE}{CE}\cdot\frac{BF}{AF} = 1$$

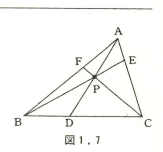

図1.7

ならばAD, BE, CFは1点で交わる．((ロ)は，チェバの定理の逆定理とも

呼ばれる.)

上記の垂心の存在証明は，この(ロ)が用いられた．(この(ロ)から重心や内心の存在もみちびかれる．)

なお，チェバの定理の(イ)の方の証明は，面積を用いて示すのが簡明である：図1.7において

$$\frac{CD}{BD}\cdot\frac{AE}{CE}\cdot\frac{BF}{AF} = \frac{\triangle ACP}{\triangle ABP}\cdot\frac{\triangle ABP}{\triangle BCP}\cdot\frac{\triangle BCP}{\triangle ACP} = 1.$$

(△ABPとその面積を同じ記号で書いている．他も同様．)点Pが三角形の外にある場合の証明も同様である．比例を用いる証明もある．

チェバの定理の(ロ)の方の証明は，対偶を示せばよい．すなわち図1.8のように，AD，BE，CFが1点で交わらないとすれば，BE，CFの交点をP，APとBCの交点をD'とすると，

$$\frac{CD'}{BD'}\cdot\frac{AE}{CE}\cdot\frac{BF}{AF} = 1$$

なので

$$\frac{CD}{BD}\cdot\frac{AE}{CE}\cdot\frac{BF}{AF} \neq 1$$

となる．これが(ロ)の対偶である．

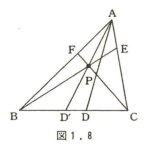

図1.8

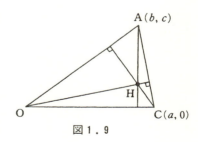

図1.9

●**第4証明**● 座標を用いる．図1.9のように原点をB＝Oとし，C＝(a, 0)，A＝(b, c)とおく．Oから直線ACへ垂線を下ろす．その垂線の方程式は

$$y = \frac{a-b}{c}x \qquad \cdots(3)$$

一方，Cから直線AOへ下ろした垂線の方程式は

$$y = -\frac{b}{c}x + \frac{ab}{c} \qquad \cdots(4)$$

2 直線(3), (4) の交点 H の $x-$ 座標は,
$$x = b$$
である．これは AH と OC が垂直であることを示す． **証明終**

この証明には次が用いられている：「傾きが m の直線に垂直な直線の傾きは $-1/m$ である．」

この第 4 証明は，ある意味で最も簡明であっけない．デカルトの座標と代数計算の強力さを如実にあらわしている．ただしあまりの強力さのため，人はしばしばこの方法のみに頼り，工夫することを忘れる．その点は注意して下さい．また，問題によっては，座標を用いた計算では，なかなか歯が立たないものもある．

以上，垂心の存在についての 4 つの証明を紹介したが，読者はこれらの証明の欠陥に気付いたであろうか．

しかり．証明の説明のための図が，いずれも鋭角三角形の場合であり，鈍角三角形の場合の図が描かれていず，果たして証明がその場合にもそのまま適用できるか不明である．この点はチェックせねばならない．図を描きつつ議論するのは，人間の直感に訴え非常に強力であるが，このような弱点を持ち，また錯覚しやすいことはつねに注意を要する．

チェックしてみよう：第 1，第 4 証明は，鈍角三角形の場合もそのまま使えることが容易にわかる．一方，第 3 証明は，$\alpha > 90°$ のとき

$$AE = c\cos(180° - \alpha) = -c\cos\alpha,$$
$$AF = b\cos(180° - \alpha) = -b\cos\alpha$$

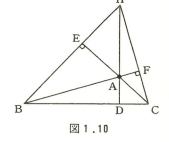

図 1.10

と変化するだけなので，チェバの定理が使える．また第 2 証明は，図 1.10 のような鈍角三角形の場合は，そのままの証明は使えない．しかし，A と H，E と F を交換することによって，同じ証明が使える．

1.3　垂心の性質

垂心に関連する三角形の性質を二，三のべよう．簡単のため，△ABC を鋭角三角形とする．

定理 1.4

鋭角三角形 △ABC の各頂点 A，B，C から対辺に下ろした垂線の足をそ

れぞれ D, E, F とすると，垂心 H は △DEF の内心となる．

● **証明** ●　図 1.11 において，四角形 BDHF
が円に内接するので
$$\angle FDH = \angle HBF. \quad \cdots(5)$$
また四角形 BFEC が円に内接するので
$$\angle HBF = \angle ECH. \quad \cdots(6)$$
また四角形 CDHE が円に内接するので
$$\angle ECH = \angle EDH. \quad \cdots(7)$$
(5), (6), (7) より

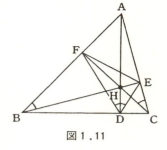

図 1.11

$$\angle FDH = \angle EDH.$$
同様の議論で
$$\angle DEH = \angle FEH, \quad \angle DFH = \angle EFH$$
がえられ，H は △DEF の内心である．　　　　　　　　　　　　　　**証明終**

この三角形 △DEF を，鋭角三角形 △ABC の **垂足三角形** とよぶ．図 1.11 より，元の頂点 A，B，C は垂足三角形 △DEF の傍心となることがわかる．

定理 1.5

鋭角三角形 △ABC の垂足三角形を △DEF とする．辺 AC，AB に関する D の対称点をそれぞれ D′，D″ とするとき，D′，E，F，D″ は一直線上にある．

● **証明** ●　折れ線 D′EFD″ が直線であることを示す．定理 4 より，図 1.12 において
$$\angle EFH = \angle DFH \quad \cdots(8)$$
である．次に CF と DD″ は（共に AB と垂直なので）平行となり，
$$\angle DFH = \angle FDD''. \quad \cdots(9)$$
また，△FDD″ は二等辺三角形なので

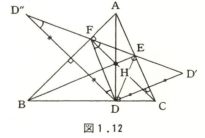

図 1.12

$$\angle FDD'' = \angle FD''D. \quad \cdots(10)$$
(8), (9), (10) より
$$\angle EFH = \angle FDD''.$$
それゆえ，(CF と DD″ が平行なので) D″，F，E は一直線上にある．同様の議論で，D′，E，F が一直線上にあることが示される．

したがって4点 D′, E, F, D″ は一直線上にある.　　　　　　　　　　　**証明終**

(1.4) ある最小問題

[問題] 鋭角三角形 △ABC の辺 BC, CA, AB 上にそれぞれ動点 P, Q, R をとるとき, △PQR の周長（周の長さ）PQ+QR+RP を最小にする点 P, Q, R の位置をもとめよ.

これはなかなかの難問である. 座標を用いて計算で解こうとしても, まず歯がたたないであろう.

これは次のように考えると解くことができる：まず辺 BC 上に点 P をとり, それを固定する. AC, AB 上にそれぞれ動点 Q, R をとり, L=PQ+QR+RP を最小にする Q, R の位置をもとめる. 次に P を動かして L の最小値をあたえる P の位置をもとめる.

図1.13のように, 固定点 P の, 辺 AC, AB に関する対称点をそれぞれ P′, P″ とする. P′, P″ も固定点である.

$$PQ=P'Q, \quad PR=P''R$$

なので

$$L=PQ+QR+RP=P'Q+QR+RP''$$

である.

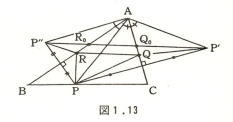

図 1.13

折れ線 P′QRP″ は, それが直線 P′P″ と一致するとき, すなわち図1.13で

$$Q=Q_0, \quad R=R_0$$

のとき, そのときのみ L が最小値 L_0 をとる.

この L_0 を式であらわそう.

$$\angle P'AP''=2\angle BAC=2\alpha, \quad (\alpha=\angle A), \quad AP'=AP''=AP$$

なので, △AP′P″ に関する余弦定理より

$$L_0^2=(P'P'')^2=AP'^2+AP''^2-2AP'\cdot AP''\cos\angle P'AP''$$
$$=2AP^2-2AP^2\cos 2\alpha$$
$$=2(1-\cos 2\alpha)AP^2$$
$$=4\sin^2\alpha\cdot AP^2$$

となる. したがって ($\sin\alpha>0$ なので)

$$L_0=(2\sin\alpha)AP \qquad\qquad\cdots(11)$$

がえられる．

次にPを辺BC上で動かして，(11)のL_0が最小になるPの位置をもとめる．それは（αが一定なので）(11)より，APがBCと垂直なとき，そのときのみL_0が最小となる．

このとき，Q_0, R_0は定理1.5より，それぞれB，Cより対辺に下ろした垂線の足となる．かくて

問題の解答 △PQRが垂足三角形△DEFに一致するとき，そのときのみ$L=PQ+QR+RP$が最小になる．

こうして問題が解けたのだが，読者は19世紀ドイツの数学者シュワルツによる次の解法には「あっ！」と言うに違いない：図1.14のように，△ABCをそのひとつの辺に関して対称変換し，さらにそれを辺に関し対称変換し，など，計5回の対称変換した図を考える．

E，D，F_1，E_2，D_3，F_4，E_5は一直線上にあり，
$$EE_5 = 2(DE+EF+FD),$$
一方，ACとA_4C_5は平行だから
$$EE_5 = QQ_5.$$
折れ線$QPR_1Q_2P_3R_4Q_5$はそれが直線QQ_5と一致するとき，そのときのみ最小である．それゆえ
$$2(PQ+QR+RP) = QP+PR_1+R_1Q_2+Q_2P_3$$
$$+P_3R_4+R_4Q_5$$
$$\geq QQ_5 = EE_5 = 2(DE+EF+FD).$$

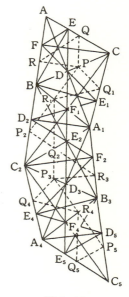

図1.14

したがって
$$PQ+QR+RP \geq DE+EF+FD.$$
等号は，P=D，Q=E，R=Fのとき，そのときのみ起きる．じっさい，等号が起きるのは折れ線が直線に一致するときに限り，それは図1.14からP=D，Q=E，R=Fのときに限ることがわかる．

▌**演習問題 1.1** △ABCが角Aを鈍角とする鈍角三角形のとき，定理1.4，定理1.5と同様の主張が成立するか．

▌**演習問題 1.2** 鈍角三角形△ABCの辺AB，BC，CA上にそれぞれ動点P，Q，Rをとるとき，PQ+QR+RPを最小にする点P，Q，Rの位置をもとめよ．

第2節 直線と円に関する諸定理

前節では垂心の話をしたが，この節ではその続きとして，直線とくに垂線と円に関する面白い定理をいくつか紹介しよう．前節の垂心の存在証明のように，これらの定理を証明する方法は，座標を用いる方法など，（難易に差はあれ）いくつかある．しかしここでは，円周角の定理（とその逆定理）を主に用いて証明することにする．

2.1 九点円

まず次の定理から始めよう．

定理 2.1

△ABC の頂点 A, B, C から対辺に下した垂線の足をそれぞれ D, E, F とする．D より AB, AC, BE, CF に下した垂線の足をそれぞれ P, Q, R, S とすると，4点 P, Q, R, S は一直線上にある（図 2.1）．

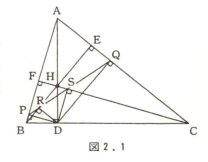

図 2.1

● 証明 ● P, R, S が一直線上にあることを示すには，
$$\angle BRP = \angle HRS$$
を示せばよい．（H は垂心．）

四角形 BPRD は（$\angle BPD = \angle BRD = 90°$ なので）円に内接する．したがって
$$\angle BRP = \angle BDP \qquad \cdots (1)$$
（図 2.2）．次に DP と CF は（共に AB に垂直なので）平行である．ゆえに
$$\angle BDP = \angle BCF \qquad \cdots (2)$$
△CDH は直角三角形で，S は直角の頂点 D から斜辺 CH に下した垂線の足

なので
$$\angle DCF = \angle SDH \qquad \cdots(3)$$
四角形 DSHR は（$\angle DSH = \angle DRH = 90°$ なので）円に内接する．したがって
$$\angle SDH = \angle HRS \qquad \cdots(4)$$
(1)〜(4)より
$$\angle BRP = \angle HRS$$
それゆえ，P, R, S は一直線上にある．
同様の議論で，R, S, Q が一直線上にあることが示される．よって 4 点 P, Q, R, S は一直線上にある．

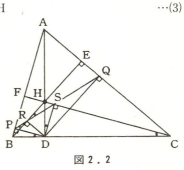

図 2.2

証明終

注意 図 2.1，図 2.2 は $\angle A$ が鋭角三角形の場合を表していて，証明も図に基づいているが，$\angle A$ が鈍角，直角の場合も同様に示すことができる．しかしそれらの場合も全て書いていると長くなりすぎるので省略した．他の定理についても同様である．読者は本文中の証明の不備を補って下さい．

定理 2.2

△ABC の垂心を H をとし，A から BC へ下した垂線の足を D とする．AD と △ABC の外接円との（A 以外の）交点を S とすると，D は線分 HS の中点である（図 2.3）．

● **証明** ● 円周角の定理より
$$\angle ASB = \angle ACB \qquad \cdots(5)$$
一方，四角形 CDHE は（$\angle CDH = \angle CEH = 90°$ なので）円に内接する．ゆえに
$$\angle ACB = \angle DHB \qquad \cdots(6)$$

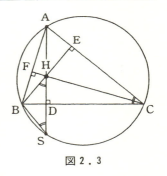

図 2.3

(5), (6) より
$$\angle ASB = \angle DHB$$
これは △BSH が二等辺三角形であることを示す．それゆえ，頂点 B から底辺 SH に下した垂線 BD は，底辺 SH の垂直二等分線となる． **証明終**

定理 2.3

△ABC の外心を O，垂心を H とし，辺 BC の中点を L とする．このとき線分 AH は OL の 2 倍に等しい（図 2.4）．

●証明● A, Cから辺BC, ABに下した垂線の足をそれぞれD, Fとする．OLは辺BCの垂直二等分線である．BOと△ABCの外接円が交わる点を（Bと）B'とする．BB'は外接円の直径である．ゆえに
$$\angle BCB' = \angle BAB' = 90°$$
とくにB'C//OL（平行）となる．△BCB'に関する中点連結定理により，辺B'CはOLの2倍である．

一方，AHとB'Cは（共にBCに垂直なので）平行である．またB'AとCHは（共にABに垂直なので）平行である．したがって四角形AHCB'は平行四辺形となり，
$$AH = B'C$$
となる．ゆえに線分AHはOLの2倍である．

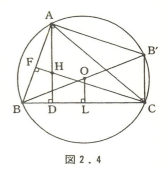

図2.4

証明終

定理2.4
△ABCの垂心をHとし，外接円のAをとおる直径をAA'とする．このときA'Hは辺BCの中点Lをとおり，しかもLは線分A'Hの中点である（図2.5）．

●証明● 定理3の証明と同様に
$$A'B // CH, \quad A'C // BH \quad （平行）$$
となるので，四角形A'BHCに平行四辺形となり，対角線が互いに他を二等分する．

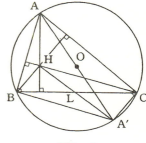

図2.5

証明終

次の定理は，18世紀を代表する数学者オイラー（1707-1783）が発見したと言われている．しかしオイラーより以前に他の人が発見した可能性はある．そのような事は，数学の歴史に，時々見られることである．ただ，慣用ということもあり，定理に人名が付いていると引用に便利なので，オイラーの定理と書く．他のケースも同様である．

定理2.5（オイラーの定理）
△ABCの外心O，重心G，垂心Hはこの順に一直線上にあり，しかも線分GHはOGの2倍に等しい．

● **証明** ● 辺 BC の中点を L とおく．定理 3 より AH は OL の 2 倍であり，（共に BC に垂直なので）互いに平行である．いま AL と OH の交点を G′ とおくと，△AHG′ と △LOG′ は相似である（図 2.6）．その相似比は (AH : OL = 2 : 1 なので) 2 : 1 である．ゆえに

AG′ : G′L = 2 : 1, HG′ : G′O = 2 : 1

となり，前者より G′ は △ABC の重心 G と一致する．

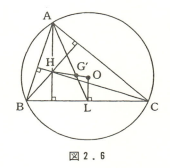

図 2.6

証明終

私は次の定理を初めて知ったとき，その美しさに感動した．この定理は，オイラー，フォイエルバッハ (1800-1834)，ポンスレー (1788-1867)，ブリアンション (1785-1864) 等の発見とされる．

定理 2.6（九点円の定理）──────────

△ABC の頂点 A，B，C から対辺に下した垂線の足をそれぞれ D，E，F とし，辺 BC，CA，AB の中点をそれぞれ L，M，N とおく．また，H を △ABC の垂心とし，線分 AH，BH，CH の中点をそれぞれ U，V，W とおく．このとき 9 点 D，E，F，L，M，N，U，V，W は同一円周上にある．（図 2.7．この円を △ABC の**九点円**とよぶ．）

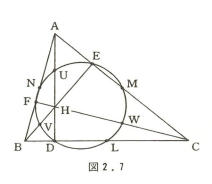

図 2.7

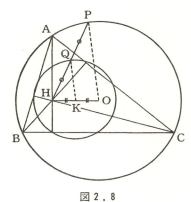

図 2.8

● **第 1 証明** ● △ABC の外接円上に動点 P をとる．P が外接円上を動くとき，線分 HP の中点 Q が描く軌跡を考えよう．O を △ABC の外心とし，線分 OH の中点を K とするとき，△OHP において，中点連結定理より，

KQ と OP は平行で，線分 KQ は OP の半分である（図 2.8）．
　逆に点 Q を，線分 KQ が △ABC の外接円の半径の半分になるようにとれば，

$$KQ // OP（平行），2KQ=OP$$

となる点 P は，外接円上の点である．
　したがって点 Q の描く軌跡は，K を中心とし半径が外接円の半径の半分である円である．
　この円は，その定義から，U, V, W をとおる．またこの円は，定理 2.2 から，D, E, F をとおり，定理 2.4 から，L, M, N をとおる．　　証明終

● **第 2 証明** ●　定理 2.2，定理 2.4 を用いない直接証明をあたえる．
　L と U が △DEF の外接円上にあることを示す．（M, V および N, W が △DEF の外接円上にあることは，同様の方法で示すことができる．）
　△UDL の外接円は（∠UDL=90° なので）UL を直径とする円である．この円が E と F をとおることを示せばよい．
　△BEC と △AEH は直角三角形なので

$$BL=CL=EL, AU=HU=EU$$

（図 2.9）．したがって

$$\angle LEB = \angle LBH, \quad \cdots(7)$$
$$\angle UEH = \angle UHE = \angle BHD（対頂角）$$
$$\cdots(8)$$

しかるに △BDH は直角三角形なので

$$\angle LBH + \angle BHD = 90° \quad \cdots(9)$$

(7), (8), (9)から

$$\angle LEU = \angle LEB + \angle UEH = 90°$$

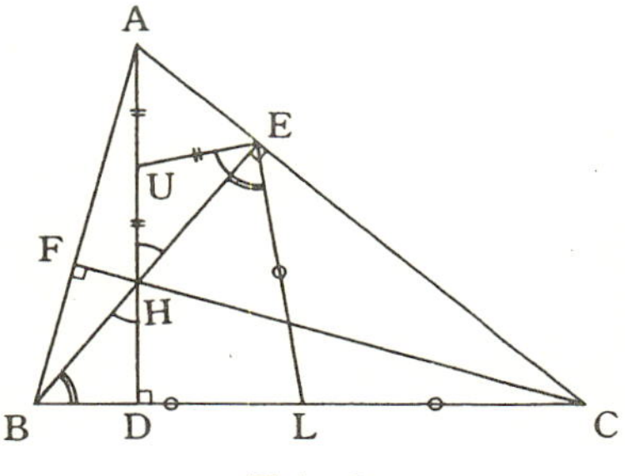

したがって点 E は直角三角形 △UDL の外接円上にある．同様の方法で F も △UDL の外接円上にあることを示すことができる．　　証明終

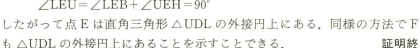

図 2.9

　第 1 証明からわかるように，九点円の中心 K は線分 OH の中点である．このことと定理 2.5（オイラーの定理）を合わせて次の定理をえる．

定理 2.7（オイラーの定理，改訂版）

　△ABC の外心 O，重心 G，九点円の中心 K，垂心 H はこの順に一直線上にあり，K は線分 OH の中点，G は OG : GH=1 : 2 となる点である．

フォイルバッハは，さらに次の驚くべき定理を示した．証明はむずかしいので，ここでは省略する．

定理 2.8（フォイルバッハの定理）────
△ABC の九点円は，△ABC の内接円，傍接円に接する（図 2.10）．

演習問題 2.1 △ABC の外接円の A での接線を l とする．辺 BC の中点から l に下した垂線は，九点円の中心 K をとおることを示せ．

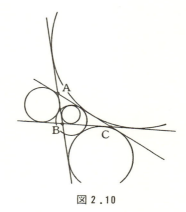

図 2.10

2.2 シムソンの定理

次の定理は簡明な美しさを持っている．シムソンの定理とよばれ，シムソン（1687-1768）が発見したと信じられてきたが，実はウォーレス（1768-1843）が1797年に発見したものと後にわかった．しかし慣用のため，シムソンの定理と書く．

定理 2.9（シムソンの定理）────
△ABC の外接円上の任意の点 P から直線 BC, CA, AB に下した垂線の足 Q, R, S は一直線上にある（図 2.11．この直線を △ABC に関する点 P の**シムソン線**とよぶ．）

●**証明**● 点 P の位置によって証明が若干変化する．いま点 P が図 2.11 のような位置にある場合を示す．他の場合は読者自らチェックされたい．

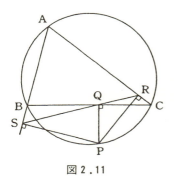

図 2.11

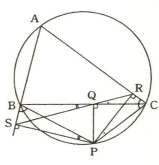

図 2.12

15

3点 Q，R，S が一直線上にあることを示すには，
$$\angle BQS = \angle CQR$$
を示せばよい（図 2.12）．

四角形 PQBS は（$\angle PSB = \angle PQB = 90°$ なので）円に内接し，
$$\angle BQS = \angle BPS \qquad \cdots (10)$$

△PSB は直角三角形なので
$$\angle BPS + \angle PBS = 90° \qquad \cdots (11)$$
四角形 ABPC が円に内接するので
$$\angle PBS = \angle PCR \qquad \cdots (12)$$

△PRC は直角三角形なので
$$\angle CPR + \angle PCR = 90° \qquad \cdots (13)$$
四角形 PQRC は（$\angle PQC = \angle PRC = 90°$ なので）円に内接し
$$\angle CPR = \angle CQR \qquad \cdots (14)$$
(10)〜(14)より
$$\angle BQS = \angle CQR \qquad \qquad \text{証明終}$$

演習問題 2.2 △ABC の外接円上の任意の点 P から辺 BC に下した垂線が再び外接円と交わる点を X とするとき，AX は △ABC に関する点 P のシムソン線と平行であることを示せ．

次の定理はシュタイナーの定理とよばれる．シュタイナー（1796-1863）は幾何学の諸問題を独特のアイデアで解いたことで知られている．

定理 2.10（シュタイナーの定理）————————

△ABC の外接円上の任意の点を P とする．H を △ABC の垂心とするとき，△ABC に関する P のシムソン線は，線分 PH の中点をとおる．

●証明● P から BC，CA，AB に下した垂線の足をそれぞれ Q，R，S とおく．平行線 QP，AH が △ABC の外接円と再び交わる点をそれぞれ X，Y とすると，四角形 XPYA は等脚台形である．PX 上に，四角形 AXZH が平行四辺形となるように点 Z をとる．こうとると，四角形 ZPYH も等脚台形となる（図 2.13）．

定理 2.2 より BC は線分 HY の垂直二等分線なので，BC は線分 ZP の垂直二等分線である．とくに
$$ZQ = QP.$$
さて，演習問題 2.2 により，

$\qquad$ QR∥XA∥ZH（平行）

ゆえに，中点連結定理より，QR は線分 PH の中点をとおる．　　　**証明終**

PH の中点は，定理 2.6 の第 1 証明より，九点円上にある．したがって，この点はシムソン線と九点円の交点である．

定理 2.11

△ABC の外接円上に，直径 PP′ を任意にとる．△ABC に関する P のシムソン線と P′ のシムソン線は直交し，交点は九点円上にある．

● **証明** ●　P と P′ から BC，CA に下した垂線の足をそれぞれ Q，R と Q′，R′ とおく（図 2.14）．

四角形 QPCR，Q′CP′R′ は共に円に内接するので

$\qquad$ ∠RQC＝∠RPC, ∠R′Q′P′＝∠R′CP′ …(15)

$\qquad$ △PRC は直角三角形なので

$\qquad\qquad$ ∠RPC＋∠RCP＝90°　　…(16)

一方，PP′ が △ABC の外接円の直径なので

$\qquad\qquad$ ∠RCP＋∠R′CP′＝∠PCP′＝90°　…(17)

(15)〜(17) より

$\qquad\qquad\qquad$ ∠RQC＝∠R′Q′P′

このことは，QR と Q′R′ が直交していることを意味する．

次に，PH と QR の交点を T とおき，P′H と Q′R′ の交点を T′ とおくと，定理 2.10（シュタイナーの定理）よりこれらはそれぞれ，PH，P′H の中点である．ゆえに中点連結定理により，線分 TT′ は PP′ の半分であり，TT′ は PP′ に平行である．

それゆえ，PP′ の中点 O（外心）と H をむすぶ線分 OH の中点 K（九点円の中心）は，線分 TT′ の中点である．線分 KT，KT′ 共に，△ABC の外接円の半径の半分に等しいので，TT′ は九点円の直径である．

シムソン線 TR，T′R′ は直交しているので，その交点は九点円上にある．

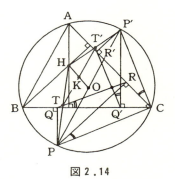

図 2.14

2.3 シムソンの定理の拡張

シムソンの定理の簡明な美しさには，心ひかれるものがある．そのせいか，この定理の拡張がいくつかなされている．その中から3定理を紹介しよう．証明はあたえないが，読者はその美しさを鑑賞して頂きたい．

定理 2.12 (カルノーの定理) ────────

△ABCの外接円上の任意の点Pをとおり，BC, CA, ABに対し，同じ向きに同じ角をなす直線を引き，それぞれとの交点をQ, R, Sとするとき，3点Q, R, Sは一直線上にある（図2.15）．

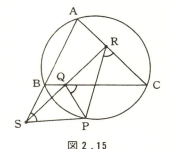

図2.15

カルノー（1753-1823）は熱力学第二法則のカルノーの父である．

定理 2.13 (オーベルの定理) ────────

△ABCの外接円上に任意の点Pをとり，また平面上に任意の点Qをとる．QA, QB, QCが外接円と再び交わる点をA′, B′, C′とし，PA′, PB′, PC′がそれぞれBC, CA, ABと交わる点をR, S, Tとすれば，4点Q, R, S, Tは一直線上にある（図2.16）．

次の定理は，清宮（せいみや）俊雄先生（1910-2013）が16歳のとき発見したものである．

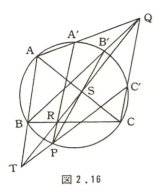
図 2.16

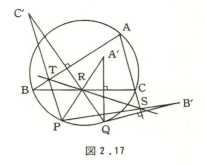
図 2.17

定理 2.14 (清宮の定理)

△ABC の外接円上に任意の 2 点 P, Q をとる. Q の BC, CA, AB に関する対称点を A′, B′, C′ とし, PA′, PB′, PC′ がそれぞれ BC, CA, AB と交わる点を R, S, T とすれば, 3 点 R, S, T は一直線上にある (図 2.17).

2.4 トレミーの定理と正五角形

円に関するいろいろな定理の中で, 垂線に直接関係しないが, 次のトレミー (AD 87？〜AD 168？) の定理は簡明で美しい. (トレミーは古代の天文学者として名高い.)

定理 2.15 (トレミーの定理)

円に内接する四角形 ABCD の辺 AB, BC, CD, DA と対角線 AC, BD の長さに, 次の関係がある：
$$AB \cdot CD + BC \cdot DA = AC \cdot BD$$

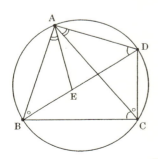
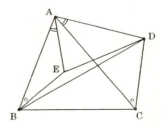

図 2.18

逆に，この等式がなりたてば，四角形 ABCD は円に内接する．

● **証明** ● 　対角線 BD 上に，∠BAE＝∠CAD となる点Eをとる（図2.18の左図）．このとき，円周角の定理より，△ABE と △ACD が相似となり，△AED と △ABC が相似となる．ゆえに

$$AB : BE = AC : CD, \quad DA : ED = AC : BC.$$

比を積の形にすると

$$AB \cdot CD = AC \cdot BE, \quad BC \cdot DA = AC \cdot ED.$$

この両式を辺々加えれば，求める関係式がえられる．

　逆に，四角形 ABCD において，

$$AB \cdot CD + BC \cdot DA = AC \cdot BD \qquad \cdots (18)$$

がなりたっているとする．図2.18の右図において，△ACD と △ABE が相似となるよう，点Eをとる．

$$AB : BE = AC : CD, \quad すなわち \quad AB \cdot CD = AC \cdot BE \qquad \cdots (19)$$

一方，$AB : AE = AC : AD$，すなわち $AB : AC = AE : AD$．
そして ∠BAC＝∠EAD なので，△ABC と △AED は相似になる．（辺の比が等しく，間の角が等しければ相似である．）とくに

$$BC : AC = ED : AD, \quad すなわち \quad BC \cdot AD = AC \cdot ED \qquad \cdots (20)$$

(19)と(20)を辺々加えれば

$$AB \cdot CD + BC \cdot AD = AC \cdot (BE + ED) \qquad \cdots (21)$$

がえられる．これと(18)を比較すると

$$BD = BE + ED$$

がなりたつ．この等式は，点Eが辺 BD 上になければならないことを意味する．ゆえに

$$\angle ABD = \angle ABE = \angle ACD$$

となり，円周角の定理の逆定理より，四角形 ABCD は円に内接する．

証明終

　注意　(1)定理2.15の「逆」の主張は，「トレミーの定理の逆定理」ともよばれる．なお，トレミーの定理にあらわれる等式は，4点 A，B，C，D がこの順に一直線上にある場合もなりたっている．(2)逆の証明からわかるように，四角形が円に内接していないときは，

$$AB \cdot CD + BC \cdot AD > AC \cdot BD$$

がなりたつ．

トレミーの定理を長方形に適用すると，例のピタゴラス（BC 572？－BC 492？）の定理がえられる：

定理 2.16 （ピタゴラスの定理）

∠A を直角とする直角三角形の辺の長さの間に，次の関係がある：
$$AB^2 + AC^2 = BC^2$$
ピタゴラスの定理の証明方法は，沢山あり，これはそのひとつである．

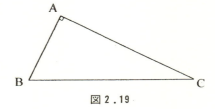

図 2.19

定理 2.17

正三角形 ABC の外接円の弧 $\stackrel{\frown}{BC}$ 上の任意の点 P に対し
$$BP + CP = AP$$
がなりたつ（図 2.20）．

● 証明 ● 四角形 ABPC にトレミーの定理を適用すればよい．

証明終

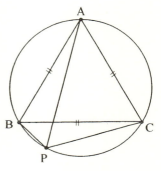

図 2.20

◀ 命題 2.1 ▶ 正五角形の一辺の長さ a と，対角線の長さ b の比は，
$$a : b = 1 : \frac{1+\sqrt{5}}{2}$$
である．（この比は**黄金比**とよばれる．）

● 証明 ● 正五角形 ABCD は円に内接する．とくに四角形 ABCD に，トレミーの定理を適用すると，図 2.21 より
$$a^2 + ab = b^2$$
いま，$b/a = x$ とおいて，この式を a^2 で割れば
$$1 + x = x^2$$
となる．この二次方程式を解くと，$x > 0$ より
$$x = \frac{1+\sqrt{5}}{2}$$
がえられる．

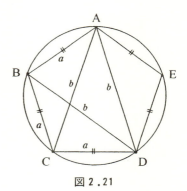

図 2.21

証明終

この命題（と，ピタゴラスの定理）から，線分 AB があたえられたとき，AB を一辺とする正五角形を作図する方法がえられる：線分 AB の中点 M と，M をとおり AB に垂直な直線 ℓ（垂直二等分線）を（よく知られた方法で）作図する．ℓ 上に，MF=AB となる点 F を求め，直線 AF 上に，（F の外側に）$FG=\frac{1}{2}AB$ となる G を求める．次に A 中心，半径 AG の円と ℓ との交点を D とする（図 2.22）．この点 D が，正五角形の，AB の向い側の頂点となる．他の頂点 C, E は，二等辺三角形 DAB の外接円を作図し，その円上に DC=DE=AB となる点 C, E を作図すればよい．

◀命題 2.2▶ 正五角形 ABCDE の外接円 Γ の半径を r とおき，D をとおる直径を FD とし，FA=s とおくと

$$r : s = 1 : \frac{\sqrt{5}-1}{2}$$

である．

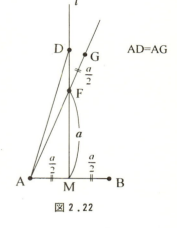

図 2.22

●証明● FB=FA=s である．AB=a, AD=b とおく（図 2.23）．四角形 AFBD にトレミーの定理を適用すると

$$2ra = 2bs.$$

命題 2.1 より，

$$\frac{s}{r} = \frac{a}{b} = \frac{1}{\frac{1+\sqrt{5}}{2}} = \frac{\sqrt{5}-1}{2}$$

証明終

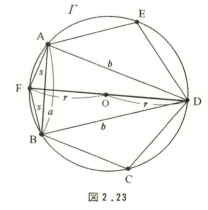

図 2.23

この命題より，中心 O，半径 r の円 Γ と，Γ 上の点 D があたえられたとき，D を頂点のひとつとし，Γ に内接する正五角形を次のように作図できる：直径 DF を F の外側に延長して，$FG=\frac{r}{2}$ となる点 G を作図する（図 2.

24)．Gでこの直線に垂直を立て，その上にGH=rとなる点を作図する．つぎに，FとHを直線で結び，線分FHの間に，HI=$\frac{r}{2}$となる点Iを作図する．最後にF中心で半径FIの円を作図し，元の円Γとの交点をA，Bとすれば，A，Bが求めるべき正五角形の，となり合う頂点となる．他の頂点C，Eは，それぞれB，Aを中心とし，半径ABの円とΓとの交点である．

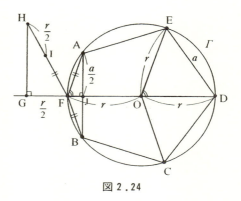

図2.24

しかし，より簡明な作図法が知られている：中心Oで直径DFに垂直な直径を考え，その上に，図2.25のようにOM=$\frac{r}{2}$となる点Mをとり，Mと（Oに関して反対側に）MD=MNとなる点Nをとる．D中心，半径DNの円を描いて，元の円Γとの交点をE，Cとすれば，E，D，Cが求めるべき正五角形の，となり合う頂点となる．

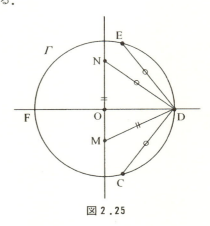

図2.25

この作図法の正しさは，次の命題の(ロ)から，わかる．

◀命題2.3▶ 正五角形ABCDEの一辺の長さをa，外接円Γの半径をrとすると，(イ) $\left(\frac{a}{r}\right)^2 = 4 - \kappa^2$，(ロ) $\left(\frac{a}{r}\right)^2 = 1 + \rho^2$，(ハ) $\frac{a}{r} = \sqrt{\frac{5-\sqrt{5}}{2}}$ がなりたつ．ここに，$\kappa = \frac{\sqrt{5}+1}{2}$，$\rho = \frac{1}{\kappa} = \frac{\sqrt{5}-1}{2}$ である．

●証明● 図2.24において，AFとEOは平行である．なぜなら，円周角の定理と中心角より，
$$180° = \angle AFB + \angle ADB = 2\angle AFO + \frac{1}{2}\angle AOB$$

$$=2\angle\mathrm{AFO}+36°$$

ゆえに $\qquad \angle\mathrm{AFO}=72°=\angle\mathrm{EOD}$

となるからである．$\triangle\mathrm{OED}$ に関する余弦定理より，

$$\cos 72°=\frac{2r^2-a^2}{2r^2}=1-\frac{1}{2}\left(\frac{a}{r}\right)^2.$$

一方，直角三角形 AFJ より，（命題 2.2 を用いて）

$$\sin 72°=\frac{\mathrm{AJ}}{\mathrm{AF}}=\frac{a/2}{\rho r}=\frac{\varkappa}{2}\left(\frac{a}{r}\right)$$

ゆえに

$$1=\cos^2 72°+\sin^2 72°=\left\{1-\frac{1}{2}\left(\frac{a}{r}\right)^2\right\}^2+\frac{\varkappa^2}{4}\left(\frac{a}{r}\right)^2$$

この式を整理して，$\left(\dfrac{a}{r}\right)^2$ で割ると，(イ) の式

$$\left(\frac{a}{r}\right)^2=4-\varkappa^2$$

がえられる．計算すると，

$$4-\varkappa^2=\frac{5-\sqrt{5}}{2}$$

なので，(ハ)がえられる．さいごに $1+\rho^2$ を計算すると，

$$1+\rho^2=\frac{5-\sqrt{5}}{2}$$

となるので，(ロ)がえられる．

証明終

　古代幾何学の集大成であるユークリッド原論（BC 300年頃）は，全13巻よりなるが，その前半のやま場が第 4 巻の正五角形の作図である．（そして原論全体の頂点は，第13巻の正十二面体の（立体）作図である．）その作図法は上述のものと異なる．上述の簡明な作図法は，後世の人のアイデアである．

第3節 美しいモーレーの定理

3.1 モーレーの定理

　幾何学のいろいろな定理の中でも，次のモーレー（Morley, 1860〜1937, 米国人）の定理は，すっきりした美しさにおいてトップクラスであろう．

定理 3.1（モーレーの定理）

　三角形の各頂角の三等分線にうち，辺に近いもの同士の交点は正三角形をつくる．（図3.1）

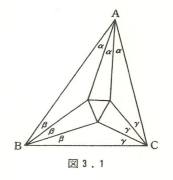

図3.1

　この定理の述べ方も図も，このようにすっきりしているが，その証明は簡単ではない．いろいろ知られているがその中から，2つ紹介しよう．第1証明は内心の性質を用いるもので，第2証明は三角形の正弦定理，余弦定理と三角関数の公式を用いて計算するものである．

● **第1証明** ● ∠B＝3β，∠C＝3γとおく．∠B，∠Cの三等分線のうち，辺BCに近いもの同士の交点をD，遠いもの同士の交点をD′とおく．（図3.2）

　Dは△D′BCの内心である．したがってD′Dは∠BD′Cを二等分する．

　BD′上，CD′上にそれぞれ点F，Eを
$$\angle D'DF = \angle D'DE = 30°$$
となるようにとる．△D′DF≡△D′DEゆえ，DE＝DFとなり，（∠EDF＝60°なので）△DEFは正三角形である．

　正三角形，△DEFの中心（重心）をGとおく．GはDD′上にある．EG

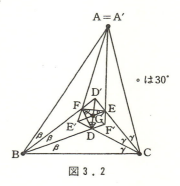

図3.2

と CD の交点を E′ とおき，FG と BD の交点を F′ とおく．さらに EF′ と FE′ の交点を A′ とおく．

モーレーの定理を証明するには，「A′＝A であり，EF′，FE′ が ∠A の三等分線である」ことを示せばよい．以下，このことを示そう．

まず，次の一般的命題を示しておく：

◀ **命題 3.1** ▶　△ABC の内心を I とするとき

$$\angle BIC = 90° + \frac{1}{2}\angle A.$$

逆に，∠A の二等分線上の点 I′ が

$$\angle BI'C = 90° + \frac{1}{2}\angle A$$

をみたすならば I′ は内心と一致する．

● **命題 3.1 の証明** ●　∠A＝2α，∠B＝2β，∠C＝2γ とおくと図 3.3 において

$$\angle BIC = 180° - (\beta+\gamma) = (2\alpha+2\beta+2\gamma) - (\beta+\gamma) = \alpha+\beta+\gamma+\alpha$$
$$= 90° + \alpha = 90° + \frac{1}{2}\angle A.$$

また，点 I′ が ∠A の二等分線上にあって，I′≠I のときは，

$$\angle BI'C \neq \angle BIC = 90° + \frac{1}{2}\angle A.$$

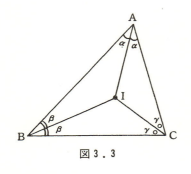

図 3.3

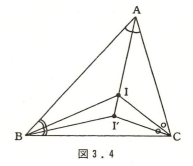

図 3.4

である．（図 3.4）　　　　　　　　　　　　　　　命題 3.1 の証明終

さて，元にもどって次を示そう：「図 3.2 において，F は △F′A′B の内心である．」

このことを示すには，命題により，次の(イ), (ロ)を示せばよい：(イ) F′F は

∠A′F′B の二等分線である．(ロ)次の等式がなりたつ：

$$\angle A'FB = 90° + \frac{1}{2} < A'F'B \qquad \cdots(1)$$

(イ)の方は次のように示される：G が正三角形 △DEF の中心だから，
∠GFD＝∠GFE＝30°．また DF＝EF．ゆえに △FDF′≡△FEF′．とくに
∠FF′D＝∠FF′E．

次に(ロ)を示そう．

$$
\begin{aligned}
\angle A'FB &= \angle D'FE' \quad (対頂角) \\
&= \angle D'FE + \angle EFE' \\
&= (90° - \angle FD'D) + \angle EFE' \quad (FE と DD' は直交) \\
&= (90° - \angle FD'D) + \angle EDE' \quad (FD と EE' は直交) \\
&= (90° - \angle FD'D) + \angle EDD' + \angle D'DE' \\
&= (90° - \angle FD'D) + (30° + \angle D'DE') \\
&= 120° - \angle FD'D + \angle D'DE' \\
&= 120° - \angle FD'D + (\angle DD'C + \gamma) \quad (\triangle CDD' の外角) \\
&= 120° + \gamma \qquad\qquad\qquad \cdots(2)
\end{aligned}
$$

次に △FDF′≡△FEF′ より

$$
\begin{aligned}
\angle A'F'B &= 2\angle FF'D \\
&= 2(180° - \angle DFF' - \angle FDF') \\
&= 2(180° - 30° - \angle FDF') \\
&= 300° - 2\angle FDF' \\
&= 300° - 2(\angle FDD' + \angle D'DF') \\
&= 300° - 2(30° + \angle D'DF') \\
&= 240° - 2\angle D'DF' \\
&= 240° - 2(\beta + \angle BD'D) \quad (\triangle D'BD の外角) \\
&= 240° - 2\beta - \angle BD'C \\
&= 240° - 2\beta - (180° - 2\beta - 2\gamma) \quad (\triangle D'BC) \\
&= 60° + 2\gamma \qquad\qquad\qquad \cdots(3)
\end{aligned}
$$

(2)と(3)を比べると

$$
\begin{aligned}
\angle A'FB &= 120° + \gamma = 90° + 30° + \gamma \\
&= 90° + \frac{1}{2}(60° + 2\gamma) \\
&= 90° + \frac{1}{2}\angle A'F'B
\end{aligned}
$$

したがって等式(1)がなりたつ.

以上から，(イ)，(ロ)が示され（命題 3.1 より）「F は △F'A'B の内心」となる.

したがって，とくに BF は ∠A'BF' の二等分線であり，∠FBA'＝β となる.それゆえ A' は BA 上にある.

同様の議論で「E は △E'A'C の内心」となり，A' は CA 上にある.

かくて A' は BA 上にも CA 上にもあるので A'＝A となる.

F が △F'AB の内心なので

$$\angle BAF = \angle FAE.$$

E が △E'AC の内心なので

$$\angle CAE = \angle FAE.$$

したがって AE，AF は ∠A の三等分線である.

以上でモーレーの定理が証明された.

● 第 2 の証明 ●　BC＝a，CA＝b，AB＝c とおき

$$\angle A = 3\alpha, \quad \angle B = 3\beta, \quad \angle C = 3\gamma$$

とおく.

△ABC の外接円の半径を R とおくと，正弦定理より

$$\frac{a}{\sin 3\alpha} = \frac{b}{\sin 3\beta} = \frac{c}{\sin 3\gamma} = 2R \qquad \cdots(4)$$

しかるに加法定理より

$$\begin{aligned}
\sin 3\alpha &= \sin(\alpha + 2\alpha) = \sin\alpha\cos 2\alpha + \cos\alpha\sin 2\alpha \\
&= \sin\alpha(1 - 2\sin^2\alpha) + 2\cos^2\alpha\sin\alpha \\
&= \sin\alpha - 2\sin^3\alpha + 2(1 - \sin^2\alpha)\sin\alpha
\end{aligned}$$

すなわち

$$\sin 3\alpha = 3\sin\alpha - 4\sin^3\alpha \qquad \cdots(5)$$

これを sin の**三倍角の公式**とよぶ.これを用いると(4)は次のように書ける：

$$\left.\begin{aligned}
a &= 2R\sin\alpha(3 - 4\sin^2\alpha) \\
b &= 2R\sin\beta(3 - 4\sin^2\beta) \\
c &= 2R\sin\gamma(3 - 4\sin^2\gamma)
\end{aligned}\right\} \qquad \cdots(6)$$

さらに変形すると

$$\begin{aligned}
a &= 2R\sin\alpha(3 - 4\sin^2\alpha) = 2R\sin\alpha(2\cos 2\alpha + 1) \\
&= 4R\sin\alpha(\cos 2\alpha - \cos 120°) \\
&= 8R\sin\alpha\sin(60° + \alpha)\sin(60° - \alpha) \qquad\qquad \text{（和を積に）}
\end{aligned}$$

したがって(6)は次のようにも書ける：
$$a = 8R\sin\alpha\sin(60°+\alpha)\sin(60°-\alpha)$$
$$b = 8R\sin\beta\sin(60°+\beta)\sin(60°-\beta)$$
$$c = 8R\sin\gamma\sin(60°+\gamma)\sin(60°-\gamma)$$
…(7)

さて，各頂角の三等分線のうち辺に近いもの同士の交点をそれぞれD，E，Fとおく（図3.5）．

AE＝x，AF＝yとおく．

△AECに関する正弦定理より
（∠AEC＝180°－α－γ なので）

$$\frac{x}{\sin\gamma} = \frac{b}{\sin(180°-\alpha-\gamma)} = \frac{b}{\sin(\alpha+\gamma)}$$
$$= \frac{b}{\sin(60°-\beta)}$$

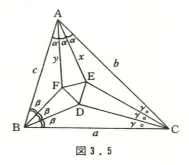

図 3.5

ゆえに(7)より
$$x = \frac{b\sin\gamma}{\sin(60°-\beta)} = 8R\sin(60°+\beta)\sin\beta\sin\gamma \quad …(8)$$

同様の議論で
$$y = 8R\sin(60°+\gamma)\sin\beta\sin\gamma \quad …(9)$$

△AEFの余弦定理と(8)，(9)より
$$EF^2 = x^2 + y^2 - 2xy\cos\alpha$$
$$= (8R\sin\beta\sin\gamma)^2\{\sin^2(60°+\beta) + \sin^2(60°+\gamma)$$
$$- 2\sin(60°+\beta)\sin(60°+\gamma)\cos\alpha\} \quad …(10)$$

{ }内をPとおき，これを計算する：
$$P = \frac{1}{2}\{1-\cos(120°+2\beta) + 1-\cos(120°+2\gamma)\}$$
$$+ \{\cos(120°+\beta+\gamma) - \cos(\beta-\gamma)\}\cos\alpha \quad (\text{積を和に})$$
$$= 1 - \cos(120°+\beta+\gamma)\cos(\beta-\gamma) + \{\cos(120°+\beta+\gamma)$$
$$- \cos(\beta-\gamma)\}\cos\alpha \quad (\text{和を積に})$$
$$= 1 - \cos(120°+60°-\alpha)\cos(\beta-\gamma) + \{\cos(120°+60°-\alpha)$$
$$- \cos(\beta-\gamma)\}\cos\alpha$$
$$= 1 + \cos\alpha\cos(\beta-\gamma) - \cos^2\alpha - \cos(\beta-\gamma)\cos\alpha$$
$$= 1 - \cos^2\alpha = \sin^2\alpha.$$

したがって(10)より
$$EF = 8R\sin\alpha\sin\beta\sin\gamma$$

この式は α, β, γ について対称な式である。それゆえ FD, DE について同様の計算をすると同じ式がえられるはずである。したがって

$$EF = FD = DE$$

となり $\triangle DEF$ は正三角形である。

以上でモーレーの定理が証明された。

(3.2) 角の三等分について

モーレーの定理は1899年に発見されている。この定理の簡潔さを考えると、もっと昔に発見されても不思議でない気がする。

この定理が近代に発見された理由は、おそらく古代の 3 大難問の 1 つ「あたえられた角を三等分せよ。」(**角の三等分問題**) に関係がある。ここで「三等分せよ。」とは、**目盛りのない定規とコンパスを用いて**角の三等分を作図せよと言う意味である。

ちなみに他の 2 問は次のようなものである：

「あたえられた円と同面積の正方形を作れ。」(**円積問題**)

「あたえられた立方体の二倍の体積をもつ立方体を作れ。」(**デロス神殿の問題**)

いずれも目盛りのない定規とコンパスを用いて作図することを要求している。

なぜ古代（古代ギリシャ）では、目盛りのない定規とコンパスのみを道具として要求したのか。

同僚の K 教授の意見によると、「古代ギリシャでは、原子論があらわれたように、あらゆる物質や物事を極めて単純なものにまで分割し、そこから再び組み立てると言う考え方が存在していた。ユークリッドの原論もそのように組み立てられている。作図の場合もその精神により、極めて簡単な、この 2 つの道具のみを用いて全てを表現しようとした。」これは卓見である。

上記の 3 大難問は、多くの人々が挑戦したがどうしてもできず、結局19世紀にいずれも「作図不可能である」と言う形で決着がついた。

角の三等分問題が作図不可能であることを、以下に簡単に説明しよう。（きちんとした説明には多くの準備を必要とする。）

一般に、角が作図できることと、その cos が作図できることとは、同値である。それゆえ角 α があたえられているとき、角 $\alpha/3$ を作図するには、$a = \cos\alpha$ があたえられているとき、$x = \cos(\alpha/3)$ が作図できればよい (図 3.6)。

(5)と同様に、cos に関する三倍角の公式を作ると

$$a = 4x^3 - 3x$$

がえられる．つまり x は三次方程式
$$4x^3 - 3x - a = 0 \quad \cdots (11)$$
の解である．

三次方程式の解の公式はルネサンス時代にイタリアで発見された．カルダノの公式とよばれている．それは平方根，立方根のついた複雑な式である．それを(11)に適用すると，文字 a の入っている複雑な式になる．

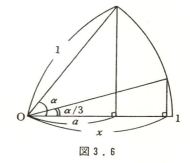

図 3.6

19世紀のアーベル，ガロアによる代数方程式の理論によれば，(11)の解は決して平方根のみを用いた式であらわすことができず，どうしても立方根が必要となることが証明できる．

さて，あたえられた点，線，円などから出発して，目盛りのない定規とコンパスを用いて，新しい点，線，円などを次々と作図してゆくことを考えよう．この操作によって生ずる新しい点を座標であらわすと，その座標はもとのあたえられた点の座標を加減乗除したり，さらに平方根を何回かとったりしたものしかあらわれない．（逆にそのような座標をもつ点は作図できる．）

したがって(11)の解は決して作図できず，角の三等分は不可能である．（ただし他の道具を使えば可能である．）

$a = \cos\alpha$ が，数値として具体的にあたえられたときは方程式(11)が平方根のみを用いて解けることがあり，その場合は角 α の三等分が作図できる．さもないときは，作図できない．

例えば，$a = 0$ のとき，(11)は解 $\dfrac{\sqrt{3}}{2}$, $-\dfrac{\sqrt{3}}{2}$, 0 をもつ．$\cos 90° = 0$，$\cos 30° = \dfrac{\sqrt{3}}{2}$ ゆえ，$90°$ の $1/3$ の $30°$ は作図できる．なお，他の解 $-\dfrac{\sqrt{3}}{2}$, 0 はそれぞれ $(90° + 360°)/3 = 120°$，$(90° + 720°)/3 = 720°$ の $\cos$ である．一方，$60°$ の $1/3$ の $20°$ は作図できない．

同様の考え方で，デロス神殿の問題も不可能であることがわかる．

ただし円積問題はこの考え方では解けない．円積問題が不可能と確定したのは，1882年にリンデマンが「円周率 π は超越数である」ことを証明したことによる．（**超越数**とは整数を係数とする代数方程式の解になりえない数のことである．自然対数の底 e も超越数であることが1873年にエルミートにより証明されている．）

演習問題 3.1 $a=\cos\alpha=-\dfrac{44}{125}$ である角 α ($90°<\alpha<180°$) は，定規とコンパスで三等分できることを示せ．(ヒント：a がこの値のとき方程式(11)は，有理数解を持つ．)

(3.3) 先生方を悩ます難問

次の問題は，どこからか学校に流れていて，新任の先生に質問して新任の先生をチクチクいじめる，いやな問題の1つらしい：

問題 頂角 A が 20° の二等辺三角形 △ABC において，辺 AB, AC 上に点 D, E をそれぞれ ∠BCD=60°, ∠CBE=50° となるようにとる（図 3.7）．このとき ∠DEB は何度か．

この問題も，20°とか50°とかが入っているので，古代人にはまず作れなかったであろう．

この問題の奇妙な点は，すなおに計算していっても，まず答が出てこないことである．実は私も降参した問題である．

次のあざやかな解答は，ある高校の先生に教えて頂いたものである：

図 3.8 のように，辺 AB 上に CB=CF となる点 F をとる．

二等辺三角形 △ABC の底角が 80° なので

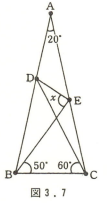
図 3.7

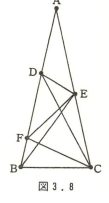
図 3.8

$$\angle CEB = 180°-80°-50° = 50° = \angle CBE$$

ゆえに △CBE は C を頂角とする二等辺三角形となって

$$CB = CE.$$

ゆえに

$$CE = CF. \qquad \cdots (12)$$

一方 △CBF は二等辺三角形で頂角 C は 20° である．ゆえに

$$\angle ECF = \angle ECB - \angle FCB = 80°-20° = 60° \qquad \cdots (13)$$

(12)と(13)より，△CEF は正三角形である．とくに

$$\angle EFC = \angle FEC = 60°, \quad CE = EF = FC.$$

したがって

$$\angle FEB = \angle FEC - \angle BEC = 60° - 50° = 10° \qquad \cdots(14)$$

また

$$\angle DFE = 180° - \angle EFC - \angle CFB = 180° - 60° - 80° = 40° \qquad \cdots(15)$$

一方

$$\angle FCD = \angle BCD - \angle BCF = 60° - 20° = 40° \qquad \cdots(16)$$

$$\angle FDC = \angle A + \angle ACD = 20° + 20° = 40° \qquad \cdots(17)$$

(16)と(17)より △FCD は F を頂角とする二等辺三角形となり

$$FC = FD.$$

ゆえに

$$FE = FD.$$

で，△FED は F を頂点とする二等辺三角形である．その頂角は(15)より40°である．それゆえ底角は70°である：

$$\angle DEF = 70° \qquad \cdots(18)$$

(14)と(18)より

$$\angle DEB = 70° + 10° = 80°.$$

　次の演習問題には，上の問題のような変な難しさはない：

▎**演習問題 3.2**　△ABC の各辺を一辺として，その外側に正三角形を 3 つ作る．それらの中心をむすぶと，正三角形ができることを示せ．

第4節 反転とその応用

④.1 線対称

はじめに，線対称を応用して図形の問題を2，3解いてみよう．直線に関する線対称を，平面の点を点にうつす，平面の**変換**（別名**写像**）と考える：
$$\alpha : \mathrm{P} \longrightarrow \mathrm{Q}.$$
ここで点Qは直線lに関して点Pの反対側の点である．すなわちlが線分PQの垂直二等分線となるような点である（図4.1）．lを（2次元の）鏡と思うとき，PとQは互いに鏡による像となっている．そのため，上の変換αを（lに関する）**鏡映**とよぶ．$\alpha(\mathrm{P})=\mathrm{Q}$のとき$\alpha(\mathrm{Q})=\mathrm{P}$でもあるので，$\alpha$とそれ自身を合成した変換$\alpha\cdot\alpha=\alpha^2$は，各点PをPにうつす**恒等変換**である．

図4.1

次の問題とその解答は良く御存知であろう：

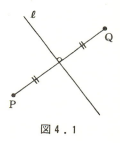

問題4.1　直線lと，l外の同じ側に2定点A，Bがある．l上に動点Pをとるとき，AP+PBを最小にするPの位置を求めよ（図4.2）．

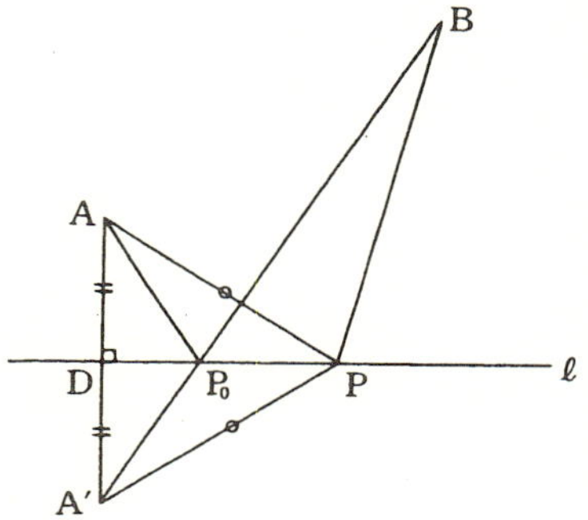

解　lに関する鏡映をαとし，$\alpha(\mathrm{A})=\mathrm{A}'$とおく．DをAA'と$l$の交点とすると
△APD≡△A'PDなので，AP＝A'P．したがって
$$\mathrm{AP}+\mathrm{PB}=\mathrm{A'P}+\mathrm{PB}\geq \mathrm{A'B}.$$
A'PBはA'からBへの折れ線になっているので，それが直線A'Bになるとき，そのときのみ長さが最小になる．**答**　P＝P₀のとき，そのときのみ最

図4.2

小．ただし P_0 は $A'B$ と ℓ の交点である（図4.2参照）．

これは簡単であった．それでは次はいかがであろう．

[問題 4.2] 鋭角 $\angle XOY$ 内に定点 A がある．半直線 OX, OY 上にそれぞれ動点 P, Q をとるとき，AP+PQ+QA を最小にする P, Q の位置を求めよ（図 4.3）．

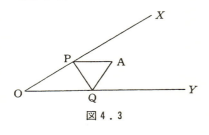
図 4．3

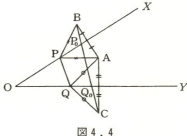
図 4．4

解 OX, OY に関する鏡映をそれぞれ α, β として $\alpha(A)=B$, $\beta(A)=C$ とおく．OX, OY はそれぞれ $\angle AOB$, $\angle AOC$ を 2 等分するので
$$\angle BOC = 2\angle XOY < 180°$$
となり，BC は半直線 OX, OY と交わる．交点をそれぞれ P_0, Q_0 とおく（図 4.4）．

さて，問題 1 の解と同様の議論で
$$AP+PQ+QA = BP+PQ+QC \geq BC$$
等号は $P=P_0$, $Q=Q_0$ のとき，そのときのみ成り立つ．**答** $P=P_0$, $Q=Q_0$ のとき，そのときのみ最小値をとる．

これも簡単と言う方に，次の問題はいかがであろうか．

[問題 4.3] 長方形 ABCD の内部に定点 E がある．ただし E は対角線 AC の下側にあるものとする．辺 BC, CD, DA, AB 上にそれぞれ動点 P, Q, R, S をとるとき，EP+PQ+QR+RS+SE を最小にする点 P, Q, R, S の位置を求めよ（図 4.5）．

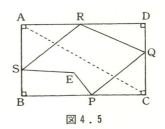
図 4．5

解 直線 BC, CD, DA, AB に関する鏡映をそれぞれ α, β, γ, δ とし
$$\alpha(E)=F, \quad \beta(F)=G, \quad \gamma(G)=H, \quad \delta(H)=I$$

とおき

$$\beta(P) = P', \quad \gamma(P') = P'', \quad \delta(P'') = P'''$$
$$\gamma(Q) = Q', \quad \delta(Q') = Q'',$$
$$\delta(R) = R'$$

とおく（図4.6）．このとき，問題1，問題2の解と同様の議論で，
$$EP + PQ + QR + RS + SE$$
$$= IP''' + P'''Q'' + Q''R' + R'S + SE \geq IE.$$

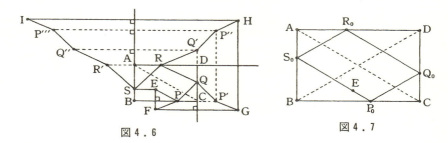

図4.6　　　　　図4.7

等号は折れ線 $IP'''Q''R'SE$ が直線 IE となるとき，そのときのみである．IE と対角線 AC は平行である．**答**　四角形 PQRS の辺 SP が E をとおり対角線 AC, BD に平行な平行四辺形 $P_0Q_0R_0S_0$ のとき，そのときのみ最小である（図4.7）．

なお，別解として，1.4の最小問題に対するシュワルツの解のように，長方形の下辺と右辺を軸に，下，右，下，右と4回連続して鏡映した図を用いてもできる．読者は試みて下さい．

問題4.1，4.2，4.3のいずれに対しても，物理的（幾何光学的）考察によって答を推測できる．すなわち光のとおる道を求めればよい．光のとおる道が鏡に対し

入射角＝反射角

の原理をみたすので，たとえば問題4.3の場合，図4.7の平行四辺形が答であることは一目瞭然である．

演習問題4.1　90°, 60°, 30° の直角三角形の形をしたビリヤード台がある．いま，90°のカドから玉を突いてカベに6回当てた後，もとのカドに玉を戻したい．どの方向に玉を突けばよいか．ただし，玉の大きさは無視するものとし，マサツはないものとする．

4.2 方巾(ほうべき)の定理

後の議論に使うため,方巾の定理を思い出しておこう.

定理 4.1(方巾の定理)─────────

(イ)円 O と,その内部または外部に点 P があたえられている.P をとおる 2 直線が円と交わる点をそれぞれ A,B と C,D とするとき

$$PA \cdot PB = PC \cdot PD \qquad \cdots(1)$$

がなりたつ(図 4.8).とくに(P が円の外部にあり)C=D であって PC が円の接線になっているときは

$$PA \cdot PB = PC^2 \qquad \cdots(2)$$

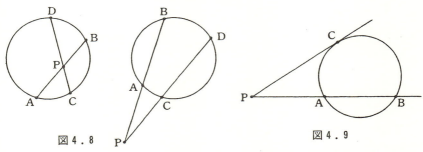

図 4.8   図 4.9

がなりたつ(図 4.9).(ロ)逆に,点 P と,それをとおる 2 直線上に,それぞれ点 A,B と点 C,D があって,(1)がみたされているときは,4 点 A,B,C,D は円に内接する.また C=D で(2)がみたされているときは,PC が △ABC の外接円の接線になる.

この定理の(イ)の方が普通にいう方巾の定理で,これは円周角の定理と三角形の相似から導かれる.(ロ)の方は,普通,

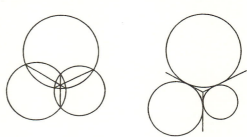

図 4.10

方巾の定理の逆定理とよばれるもので,非常に有用である.

演習問題 4.2 3 つの円が互いに交わっている(または接している)とき,3 本の共通割線(または共通接線)は 1 点で交わることを示せ(図 4.10).

(4.3) 反転

　反転とは，いわば円に関する鏡映変換である．中心を O，半径 r の円 O があるとき，**円 O に関する反転**とは，次のような変換である：
$$\alpha : \mathrm{P} \longrightarrow \mathrm{Q}$$
ここに，O, P, Q または O, Q, P はこの順で一直線上にあり，
$$\mathrm{OP \cdot OQ} = r^2$$
をみたす（図 4.11）．
$$\alpha : \mathrm{Q} \longrightarrow \mathrm{P}$$
でもあるので，写像の合成 $\alpha^2 = \alpha \cdot \alpha$ は恒等変換である．ただし注意すべきは，中心 O 自身が α によって何にうつされるか決められず不定なことである．つまり変換としては，平面の変換でなく，平面から O をぬいた集合の変換である．（平面に「無限遠点」∞ を付け加えて，$\alpha : \mathrm{O} \longrightarrow \infty$, $\infty \longrightarrow \mathrm{O}$ と考えることもある．）

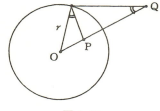 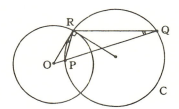

図 4.11　　　　　　　　　　図 4.12

　さて，$\alpha(\mathrm{P}) = \mathrm{Q}$, $\alpha(\mathrm{Q}) = \mathrm{P}$ となる点 P, Q を考え，これら 2 点 P, Q をとおる円を 1 つ考え，これを C とおく（図 4.12）．円 C と円 O の交点の 1 つを R とおくと，
$$\mathrm{OR}^2 = r^2 = \mathrm{OP \cdot OQ}$$
である．これは定理 4.1 より，OR が △PQR の外接円すなわち円 C に接していることを意味する．したがって R での円 O の接線は円 C の中心をとおる．それゆえ円 O と円 C は R で直交している．（一般に 2 曲線が点 A で交わっているとき，A での **2 曲線間の角**とは，A での接線間の角のことである．その角が 90°のとき，2 曲線は A で**直交している**という．）

　円 O と円 C は，もう 1 つの交点でも直交している．それゆえ単に「**円 O と円 C は直交している**」という．

　逆に，円 O と直交する円 C を考え，2 円の交点を R とすると，OR は円 C の接線になっている．O をとおる直線が円 C と交わる点を P, Q とする

とき，定理 4.1 より
$$r^2 = \mathrm{OR}^2 = \mathrm{OP} \cdot \mathrm{OQ}$$
となるので，α を円 O に関する反転とすると
$$\alpha(\mathrm{P}) = \mathrm{Q}, \quad \alpha(\mathrm{Q}) = \mathrm{P}$$
となる．以上により次の命題が示された：

◀命題 4.1▶　円 O に関する反転を α とおく．
$\alpha(\mathrm{P}) = \mathrm{Q}$，$\alpha(\mathrm{Q}) = \mathrm{P}$ をみたす 2 点 P，Q をとおる円は円 O と直交する．逆に，円 O と直交する円 C に対し，O をとおる直線が C と交わる点を P，Q とすると $\alpha(\mathrm{P}) = \mathrm{Q}$，$\alpha(\mathrm{Q}) = \mathrm{P}$ をみたす．とくに α は C を C にうつす．（また C の内部を C の内部にうつす．）

反転は一般に円を円にうつす変換である．正確には

◀命題 4.2▶　円 O に関する反転を α とおく．(イ) α は，中心点 O をとおる直線をそれ自身にうつす．(ロ) α は，O をとおらない直線を，O をとおる円にうつす．(ハ) α は，O をとおる円を，O をとおらない直線にうつす．(ニ) α は，O をとおらない円を，O をとおらない円にうつす．

●証明●　(イ)はあきらかである．(ロ) ℓ を，O をとおらない直線とし，O から ℓ に垂線 m を下ろし，その足を R とおく．
$$\mathrm{OR} \cdot \mathrm{OS} = r^2$$

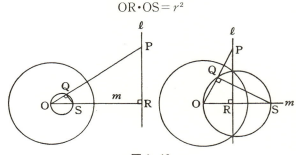

図 4.13

をみたす点 S を半直線 OR 上にとる．次に OS を直径とする円 C を考える（図 4.13）．ℓ 上に点 P をとり OP と C との交点を Q とすれば
$$\angle \mathrm{OQS} = \angle \mathrm{ORP} = 90°$$
ゆえ，4 点 P，Q，S，R は同一円周上にある．したがって定理 4.1 より
$$\mathrm{OP} \cdot \mathrm{OQ} = \mathrm{OR} \cdot \mathrm{OS} = r^2.$$
すなわち

$$\alpha(\mathrm{P})=\mathrm{Q}$$
である．ゆえに
$$\alpha(\ell)=\mathrm{C}.$$
(ハ)　$\alpha(\ell)=\mathrm{C}$ の両辺に α を作用させると，
$$\alpha^2(\ell)=\alpha(\mathrm{C}). \text{ すなわち } \alpha(\mathrm{C})=\ell.$$

(二)　O をとおらない円 C の中心を C とおく．直線 OC が円 C と交わる点を A, B とおく．AB は円 C の直径である．

$\alpha(\mathrm{A})=\mathrm{A}'$, $\alpha(\mathrm{B})=\mathrm{B}'$ とおき，A'B' を直径とする円 C' を描く（図 4.14 参照．この図は点 O が円 C 外にある場合の図だが，円 C 内にあるときも議論は同様である）．

$\mathrm{OA}\cdot\mathrm{OA}'=\mathrm{OB}\cdot\mathrm{OB}'=r^2$ より

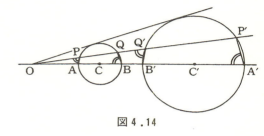

図 4.14

$$\mathrm{OA}:\mathrm{OB}'=\mathrm{OB}:\mathrm{OA}'$$
となる．したがって OA：OB'＝OB：OA'＝OC：OC'＝C の半径：C' の半径となる．

> **注意**　$a:b=c:d$ のとき，
> $$a:b=c:d=(a+c):(b+d)=(a-c):(b-d).$$

これは，点 O が円 C と円 C' の相似の中心になっていることを意味する．（特に図 4.14 の場合は，2 円の中心線と外共通接線の交点が O である．）

O をとおる他の直線が円 C，円 C' と交わる点をそれぞれ P, Q と P', Q' とおくと，比例関係から
$$\mathrm{AP}//\mathrm{B}'\mathrm{Q}',\ \mathrm{BQ}//\mathrm{A}'\mathrm{P}'　（平行）$$
となる．したがって図 4.14 で見るように
$$\angle\mathrm{OPA}=\angle\mathrm{OBQ}=\angle\mathrm{OQ}'\mathrm{B}'=\angle\mathrm{OA}'\mathrm{P}'$$
となって，4 点 AA'P'P と BB'Q'Q は共に円に内接する．ゆえに定理 4.1 より
$$\mathrm{OP}\cdot\mathrm{OP}'=\mathrm{OA}\cdot\mathrm{OA}'=r^2$$
$$\mathrm{OQ}\cdot\mathrm{OQ}'=\mathrm{OB}\cdot\mathrm{OB}'=r^2$$
となり，

$$\alpha(P) = P', \quad \alpha(P') = P,$$
$$\alpha(Q) = Q', \quad \alpha(Q') = Q,$$
$$\alpha(C) = C', \quad \alpha(C') = C$$

がえられる． 証明終

注意 直線も「半径が無限大の円」と考えると，反転は「円を円にうつす」と言ってよい．また，直線をこう解釈すると，直線に関する鏡映は反転の一種であるとも考えられる．

◀**命題 4.3**▶ 円 O に関する反転を α とおく．円 C と円 D （または円 C と直線 ℓ）が接するならば，α(C) と α(D) （または α(C) と $\alpha(\ell)$）も接する．

●**証明**● 円 C と円 D が点 P で接するとする（図 15）．点 α(P) は α(C) 上にも α(D) 上にもあるの

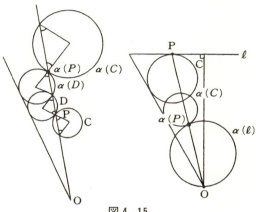

図 4.15

で α(C) と α(D) の交点である．これ以外に α(C) と α(D) の交点はない．なぜなら Q を α(C) と α(D) の交点とすると，α(Q) は C と D の交点つまり P になる．ゆえに Q = $\alpha \cdot \alpha$(Q) = α(P) である．結局，α(P) は α(C) と α(D) の唯一の交点となるので，α(C) と α(D) は点 α(P) で接する．

円 C と直線 ℓ が接している場合も議論は同様である（図 4.15 参照）．

証明終

(4.4) 反転の応用

反転の応用を述べる．次の芸術的ともいえる美しい定理は，古代の人パップス（AD300?-AD370?）により発見された．パップスは，いくつかの命題を駆使した末にこの定理を証明した．座標を用いての，地道な計算による証明も可能だが，ここでは反転を用いた実に鮮やかな証明をあたえよう．

◀**定理 4.2**▶ （パップスの円環定理）――――――――――――――――

直線 ℓ 上に，点 A，B，C がこの順で並んでいる．AC を直径とする半円

Uを描き，その中にAB, BCを直径とする半円V, Wをそれぞれ描く．Uに内接し，VとWに外接する円をC_1とおき，その直径をd_1，中心からℓに下した垂線の長さをe_1とおく．
次にUに内接し，VとC_1に外接する円をC_2とおき，その直径をd_2，中心からℓに下した垂線の長さをe_2とおく．以下同様に，次々に接する円C_3, C_4, …を考え，それらの直径をd_3, d_4, …とし，中心からℓに下した垂線の長さを

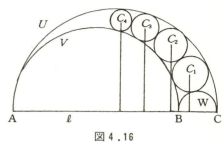

図4.16

e_3, e_4, …とおく（図4.16）．（この図は**靴屋のナイフ**とよばれる．）このとき
$$e_1 = d_1, \quad e_2 = 2d_2, \quad e_3 = 3d_3, \cdots, \quad e_n = nd_n, \cdots$$
がなりたつ．

●**証明**● $n=3$の場合の$e_3 = 3d_3$を示す．一般のnの場合も同様である．

点AからC_3への接線をひき，Aから接点までの長さをrとおく．A中心，半径rの円Oを考え，円Oに関する反転αを考える．C_3とOは直交しているので，命題4.1より，
$$\alpha(C_3) = C_3$$
である．命題4.2より，$\alpha(U)$, $\alpha(V)$はℓに垂直な半直線である．命題4.3より，$\alpha(C_3) = C_3$は，それらに接している円である（図4.17）．命題4.3より，$\alpha(C_2)$, $\alpha(C_1)$も図4.17のように半直線$\alpha(U)$, $\alpha(V)$に接している円で，$\alpha(C_3) = C_3$, $\alpha(C_2)$, $\alpha(C_1)$が次々に接している．また$\alpha(W)$はℓ上に直径をもつ半円で，やはり半直線$\alpha(U)$, $\alpha(V)$と$\alpha(C_1)$に接している．図4.17より，あきらかに

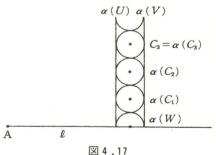

図4.17

$$e_3 = 3d_3$$
がなりたつ．

証明終

|演習問題4.3 直線ℓ上に中心をもつ半円U, Vで，VがUに内接しているものを考える．図4.18のように，円C_1, C_3, C_5, …を，U, Vに接するように，また次々と接するように描く．（C_1はℓとも接する．）これらの半

径と，中心から ℓ に下した垂線の長さをそれぞれ，r_1, r_3, r_5, $\cdots$ と e_1, e_3, e_5, $\cdots$ とおくとき

$$e_1 = r_1, \quad e_3 = 3r_3, \quad e_5 = 5r_5, \cdots$$

を示せ．

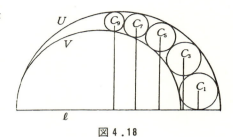

図 4.18

演習問題 4.4 図 4.16 の靴屋のナイフにおいて，三円弧に囲まれている小領域に，三円弧に接するように小円 D_1, E_1, D_2, E_2, D_3, E_3, $\cdots$ を次々に描いたとする（図 4.19）．これら小円の直径と，ℓ に下した垂線の長さとの間にも，定理 4.2 と同様の関係があることを示せ．

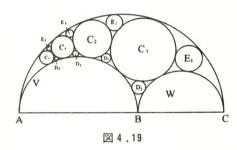

図 4.19

次の定理は，享和 2 年（1802年）に和算家大原利明が芝愛宕山に算額として掲げたものである．

定理 4.3（大原利明の定理）

点 O で交わる 2 つの半直線 OX と OY が，円 C とそれぞれ 2 点で交わるとする．OX と OY の両方に接する円で(イ)円 C に外接する 2 円 C_1, C_4 の半径を r_1, r_4 とおき，(ロ)円 C に内接する 2 円 C_2, C_3 の半径を r_2, r_3 とおく．このとき

$$r_1 r_4 = r_2 r_3$$

がなりたつ（図 4.20）．

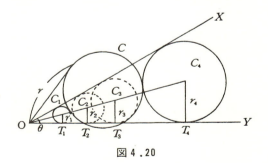

図 4.20

● 証明 ● 4 円 C_1, C_2, C_3, C_4 の中心と O は一直線上にある．また，C_1, C_2, C_3, C_4 と OY の交点をそれぞれ T_1, T_2, T_3, T_4 とおくと，図 4.20 からわかるように

$$r_1 = \text{OT}_1 \tan\frac{\theta}{2}, \quad r_2 = \text{OT}_2 \tan\frac{\theta}{2}, \quad r_3 = \text{OT}_3 \tan\frac{\theta}{2},$$

$$r_4 = \text{OT}_4 \tan\frac{\theta}{2} \quad (\theta = \angle \text{XOY}) \quad \cdots(3)$$

となる.

さて，O を中心とし円 C と直交する円 O に関する反転を α とするとき，命題 4.1，命題 4.2 より

$$\alpha(\text{C}) = \text{C}, \quad \alpha(\text{OX}) = \text{OX}, \quad \alpha(\text{OY}) = \text{OY}$$

である．また命題 4.3 より

$$\alpha(\text{C}_1) = \text{C}_4, \quad \alpha(\text{C}_4) = \text{C}_1,$$
$$\alpha(\text{C}_2) = \text{C}_3, \quad \alpha(\text{C}_3) = \text{C}_2.$$

それゆえ

$$\text{OT}_1 \cdot \text{OT}_4 = \text{OT}_2 \cdot \text{OT}_3 = r^2$$

(r は円 O の半径).　したがって(3)より

$$r_1 r_4 = r_2 r_3.$$

証明終

第 5 節 反転と双曲幾何学

(5.1) シュタイナーの定理

次のシュタイナーの定理は，初めて学んだとき，その美しさと意外性に驚いたものである．

定理 5.1（シュタイナーの定理）

円 O と，その内部に円 O′ がある．これらに接し，また互いに接するように円を次々に描いてゆき，一回りしたとき，最初の円に接したとする（図 5.1）．このとき，他の任意の場所から出発して円 O と O′ に接し，互いに接する円を次々に描いてゆき，一回りしたとき，必ず最初の円に接する．しかも一回りする円の数は一定であり，隣り合う円の接点は定円上にある（図 5.2）．

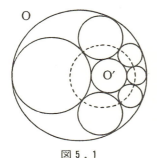

図 5.1

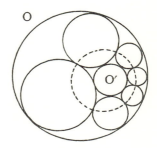

図 5.2

この定理を直接計算で証明しようと思っても，非常に難しい．ところが，前回学んだ反転法を用いると，これは簡単に示される．反転法はこのような問題に絶大な力を発揮する．

(5.2) 反転法の復習

円 O の中心を同じ記号で O とする．半径を r とおく．中心 O とことなる

点Pに対し，半直線OP上にあって
$$OP \cdot OQ = r^2$$
をみたす点Q（図5.3）を考え，対応（変換）
$$\alpha : P \longmapsto Q$$
を円Oに関する**反転**とよぶ．$\alpha : Q \longmapsto P$ でもあるので，変換 α と自身の合成 $\alpha^2 = \alpha \cdot \alpha$ は各点PをP自身にうつす変換——**恒等変換**である．なお，中心Oに対する $\alpha(O)$ は定義されていない．（無限遠点と定義することもある．）反転は，直線に関する対称変換（**鏡映**）と似ていて，いわば円に関する対称変換（鏡映）とも言える．

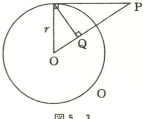

図5.3

前節で，次の命題5.1，5.2，5.3を示した．

◀**命題5.1**▶ 円Oに関する反転を α とおく，$\alpha(P) = Q$ を満たす2点P, Qをとおる円は円Oと直交する（図5.4）．逆に円Oと直交する円Cに対し，中心Oをとおる直線がCと交わる点をP, Qとすると $\alpha(P) = Q$ がなりたつ．とくに α はCをCにうつす．（またCの内部をCの内部にうつす．）

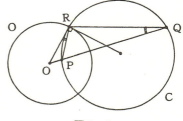

図5.4

◀**命題5.2**▶ 円Oに関する反転を α とおく．(イ) α は中心Oをとおる直線をそれ自身にうつす．(ロ) α は，Oをとおらない直線を，Oをとおる円にうつす．

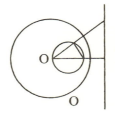 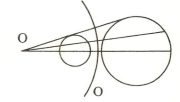

図5.5

逆にOをとおる円をOをとおらない直線にうつす．(ハ) α は，Oをとおらない円を，Oをとおらない円にうつす．(図5.5)

◀**命題5.3**▶ 円Oに関する反転を α とおく．円Cと円D（または円Cと直線ℓ）が接するならば，$\alpha(C)$ と $\alpha(D)$ （または $\alpha(C)$ と $\alpha(\ell)$）も接する．（図5.6）

命題5.2の(ハ)の部分を少し詳しく見てみよう．円Cが反転 α で円C′にう

つされたとする．Oをとおる
直線が円C，円C'と交わる
点をそれぞれP，QとP'，
Q'とすると

OP・OP'＝OQ・OQ'＝r^2

また，点Oと円C，円C'
の中心をとおる直線が円C，
円C'と交わる点をそれぞれ
A，BとA'，B'とすれば，

OA・OA'＝OB・OB'＝r^2．

一方，方巾（ほうべき）の定
理より

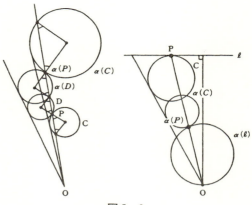

図 5.6

$$OP \cdot OQ = OA \cdot OB,$$
$$OP' \cdot OQ' = OA' \cdot OB'.$$

これらより

$$\frac{OP}{OA} = \frac{OB}{OQ} = \frac{OA'}{OP'} = \frac{OQ'}{OB'}$$

および

$$\frac{OP}{OB} = \frac{OA}{OQ} = \frac{OB'}{OP'} = \frac{OQ'}{OA'}$$

がえられ
および BP∥A'Q'，
AQ∥B'P' となって，
△APQ と △B'Q'P'
（および△BPQ と △A'Q'P'）
は相似になる（図5.7）．

点Oは円C，円C'の相
似の中心となり，円C，円
C'の共通接線はOをとお
る．

AP∥B'Q'，BQ∥A'P'

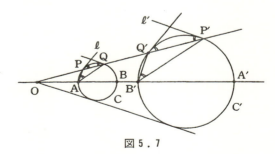

図 5.7

（一般に，中心が異なり半径が違う二つの円の相似の中心は二つあり，中
心線上半径の比に，内分および外分する点である．）

円Cの点Pでの接線をℓ，円C'の点P'での接線をℓ'とおく．このとき，
直線OPとℓ，OPとℓ'の間の角は，それぞれ∠PAQ，∠Q'B'P'に等しい

47

ので互いに等しい．（図5.7参照）．
　このことを用いると次の命題が示される：

◀**命題5.4**▶　反転によって角の大きさは変わらない．（角の向きは反対になる．）とくに，直交する2円（または円と直線）は反転によって直交する2円（または円と直線）にうつされる．

●**証明**●　角とは，2円の交点Pにおける接線PT_1，PT_2のなす角$\angle T_2PT_1$と考えてよい．反転αによって2円が他の2円にうつされると，その交点$P'=\alpha(P)$での接線$P'T_1'$，$P'T_2'$の間の角は，図5.8よりわかるように

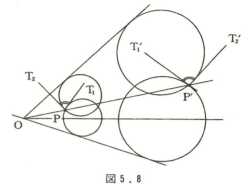

図5.8

$$\angle T_2'P'T_1' = \angle T_2'P'O - \angle T_1'P'O$$
$$= \angle T_2PP' - \angle T_1PP' = \angle T_2PT_1$$

となる．（円と直線の場合も議論は同様である）．

証明終

　次の命題は，証明はむずかしくないが省略する：

◀**命題5.5**▶　反転によって一直線上または同一円周上の4点の複比の値は変わらない．
ここで**複比**とは，平面上の異なる4点P，Q，R，Sに対し，平面を複素数平面（§5.8を参照）と考え，これらの点を複素数と考えるとき，複素数

$$(P, Q\,;R, S) = \frac{P-R}{Q-R} \cdot \frac{Q-S}{P-S}$$

のことである．（4点P，Q，R，Sが一直線上，または同一円周上にあるとき，この値は実数になる．逆も言える．）

(5.3) 根軸と焦点

　定理5.1の証明の前に，新しい用語を用意する．平面上に点Aと円Oがある．Aをとおる直線が円Oと交わる点をP，Qとするとき，線分の長さの積

は直線の取り方によらず一定である（図5.9）．これは方巾（ほうべき）の定理による．Aが円Oの外部または円周上にあるときは，この積AP・AQを**円Oに関する点Aのベキ**とよぶ．またAが円Oの内部にあるときは，マイナスを付けた−AP・AQを円Oに関する点Aのベキとよぶ．

AP・AQ

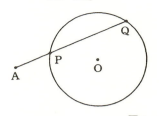
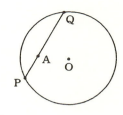

図5.9

とくにAと円の中心Oをとおる直線との交点P，Q（PQが円の直径）を考えると，この円に関するAのベキは

$$AO^2 - r^2 \qquad \cdots\cdots(1)$$

（r は円の半径）に等しいことがわかる．

この用語を用いて次の問題を考えよう：

[問題] 同心円でない2円OとO′に関するベキが等しい点の軌跡は何か．

解 2円OとO′が交わっているとき（または接しているとき）は，その共通割線（または共通接線）が答となる（図5.10）．2円が交わっていないときも答は直線になる．な

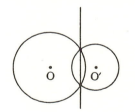
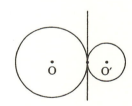

図5.10

ぜならいま，円Oの中心と円O′の中心を結ぶ直線を ℓ とし，ℓ 上に円Oと円O′に関するベキの等しい点Kをとる．点Kはただ1つ定まる．実際，Kは(1)より

$$KO^2 - a^2 = KO'^2 - b^2 \qquad \cdots\cdots(2)$$

（a は円Oの半径，b は円O′の半径）をみたすので，円Oの中心を原点，円O′の中心の座標を $(c, 0)$ とするとき，Kの座標は $\left(\dfrac{c^2 + a^2 - b^2}{2c}, 0\right)$ と定まる．

さて，ℓ に点Kで垂線をたて，それを m とおく（図5.11）．m 上に点Pをとると，ピタゴラスの定理と(2)より

$$PO^2 - a^2 = PK^2 + KO^2 - a^2$$
$$= PK^2 + KO'^2 - b^2$$
$$= PO'^2 - b^2.$$

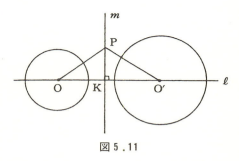

図 5.11

これは，P の円 O と円 O′ に関するベキが等しいことを意味する．

逆に，円 O と円 O′ に関するベキの等しい点 P をとり，P から ℓ に垂線を下すとその足は，（上と同じ計算を逆に見て）円 O と円 O′ に関するベキの等しい点，すなわち K となる．（以上の議論は，円 O と円 O′ が交わっていても交わっていなくても，どちらでもよい．また，図 5.11 は円 O と円 O′ が互いに相手の外側にあるが，一方が他方を含んでいる場合，議論は同じである．）

問題の答　(2)をみたす ℓ 上の点 K において ℓ にたてた垂線 m が求めるべき点の軌跡である．

この直線 m を，2 円 O と O′ の**根軸**とよぶ．これは円 O と円 O′ が交わっていれば（または接していれば）その共通割線（または共通接線）にほかならない．円 O と円 O′ が交わっていなければ，根軸はどちらの円とも交わらない．

演習問題 5.1　三つの円において二つずつの円の根軸は一点で交わることを示せ．

今度は逆に，直線 m とそれに垂直な直線 ℓ を考えよう．m と ℓ の交点を K とし，ℓ 上に K から等距離にある 2 点を F と F′ とする．（円に関する）点 K のベキが $KF^2 = KF'^2$ に等しい円を沢山描く（図 5.12）．これらの

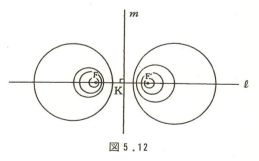

図 5.12

円の中から 2 円をとると，この 2 円の根軸は m である．沢山の円があるとき，それらを**円系**とよぶが，この場合の円系を**双曲的円系**とよぶ．これらの円は F または F′ を内部に含み，半径が限りなく小さくなったとき，点 F ま

たは点 F′ に収束すると考えられる．F と F′ をこの双曲的円系の**焦点**とよぶ．また，この円系から 2 円をとってきたとき，F と F′ をこれら **2 円の焦点**ともよぶ．同心円でなく，しかも交わらない 2 円に対し，必ず焦点が存在することは今までの議論からあきらかであろう．

次に，F と F′ をとおる沢山の円（円系）を考える．この円系を，F と F′ をとおる**楕円的円系**とよぶ．この円系にぞくする任意の 2 円の根軸は，共通割線すなわち F，F′ をとおる直線 l である．

演習問題 5.2 F と F′ をとおる楕円的円系にぞくする任意の円と，F と F′ を焦点とする双曲線円系にぞくする任意の円は直交することを示せ（図 5.13）．

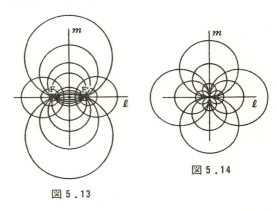

図 5.13　　図 5.14

F と F′ がとくに K と一致する場合は，図 5.13 は図 5.14 のようになる．定点で互いに接する沢山の円（円系）を**放物的円系**とよぶが，図 5.14 は互いに直交する放物的円系を描いている．

5.4　定理 5.1 の証明

図 5.1 の円 O と O′ の焦点を F，F′ とし，円 O′ の内部に含まれる方を F とする．FF′ を直径とする円 C を考える．円 C は円 O および円 O′ に直交している（演習問題 5.2 参照）．

さて，F を中心とする円を考え，この円に関する反転を α とおく．$\alpha(C)$ は命題 5.2 より，点 $\alpha(F')$ で FF′ にたてた垂線である．これを n とおく．円 $\alpha(O)$，$\alpha(O')$ は，命題 5.4 により，n に直交している．このことは，円 $\alpha(O)$，$\alpha(O')$ が点 $\alpha(F')$ を中心とする同心円であることを意味する．

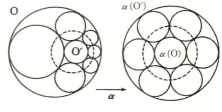

図 5.15

さて，円 D_1，D_2，…，D_n が円 O と円 O′ に接し，また次々と接して，一

回りして最後の D_n が最初の D_1 に接したとする．このとき円 $\alpha(D_1)$, $\alpha(D_2), \cdots, \alpha(D_n)$ は同心円 $\alpha(O)$ と $\alpha(O')$ に接し，また次々と接して，一回りして最後の $\alpha(D_n)$ が最初の $\alpha(D_1)$ に接する（図5.15）．

同心円 $\alpha(O)$ と $\alpha(O')$ に関しては，あきらかに定理1が成り立つ．これを α で戻せば，元の円 O と O' に関して定理1が成り立つことがわかる．

5.5 双曲幾何学とは何か

双曲幾何学とは，**非ユークリッド幾何学**の別名である．（この別名はクラインによる．）非ユークリッド幾何学という呼び名は，何か違和感を抱かせるが，双曲幾何学の方は，おしゃれで新しい感じがする．ネーミングが大事である．違和感のあった非ユークリッド幾何学が，ネーミングを変え，装いを新たにして，現在多くの研究者をひきつけている．

さて，双曲幾何学すなわち非ユークリッド幾何学を説明するために，歴史をさかのぼらねばならない．

古代エジプトの測量術から生まれた幾何学に，論証という考え方を導入して学問体系にしたギリシャ幾何学を集大成し系統的に叙述したのが，ユークリッド（B.C. 330 ? − B.C. 275 ?）のユークリッド原論である．

ユークリッド原論は全13巻よりなる．冒頭に5個の公準（だれでも真と認めるであろう簡明な幾何学的主張）を掲げ，それらを基にして命題を次々と証明する．三段論法，ときには背理法を用いて，前に示した命題から次の命題を導くという方法である．この叙述方法は後世の数学書の模範となった．

ユークリッドの5個の公準とは，次のようなものである：

第1公準「任意の点から任意の点まで1つの直線を引くことができる．」

第2公準「限られた直線を連続的に延長して，1つの直線にすることができる．」

第3公準「任意の中心と任意の半径を持つ円を描くことができる．」

第4公準「直角はすべて等しい．」

第5公準「1つの直線が2つの直線と交わり，その片側の2つの内角の和が2直角よりも小さいときは，その2直線を延長すると，内角の和が2直角よりも小さい側で交わる．」（図5.16）

これらのうち，第1から第4までは簡明で，誰でも真と認めるであろう．

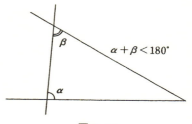

図 5.16

（線と線分が混用されたり，存在の唯一性が抜けていたりしているが，補って考えることにする．）しかし，最後の第5公準だけは奇妙な感じがする．まず叙述が長い．また一読しただけでは何を言っているのかわからず，図に描いて初めて，ああそうかと納得する．

　なぜこれが公準なのか．少しも簡明でない．ひょっとしたら，これは公準でなく，定理すなわち，議論してゆくと証明されてしまう命題なのではないか．

　ユークリッド原論が発刊された当初から，この疑問が読者の間にまき起こったという．そして，第5公準を「証明」しようとする試みがなされた．それは延々と続いて，実に2千年の後，すなわち19世紀に決着がついた．結論は「証明は不可能で，これは公準として認めざるを得ない．」というものであった．

　非ユークリッド幾何学は，この結論の対応物として誕生したのである．

　第5公準は，我々が現在学ぶ次の形の公理に，論理的に同値であることが知られている：「平面上，直線 ℓ とその上にない点 P があるとき，P をとおり ℓ に平行な（つまり交わらない）直線がただ1つ存在する．」

　第5公準を「証明」しようとした人々は次のように考えた：第5公準を否定した公準を代わりに掲げて議論を続けてゆけば，いつか矛盾に到着するであろう．矛盾に到達すれば，すなわち第5公準が証明されたことになる．

　こう考えて，第5公準を否定した公準（現代風に書く）：

　第5*公準「平面上に直線 ℓ とその上にない点 P があるとき，P をとおり ℓ と平行な直線が2本以上存在する．」（図5.17）
を掲げ，矛盾を導こうとしたのである．

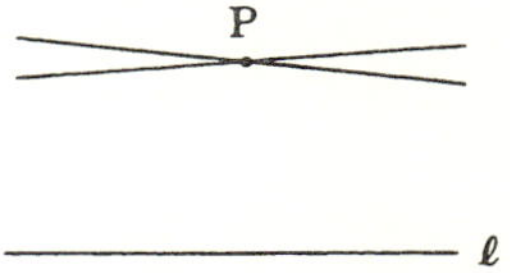

図5.17

　しかし矛盾はなかなか出てこなかった．矛盾が出たと信じ発表した論文もいくつかあったが，後世の人が「それは単なる錯覚」と判定した．

　1829年と1830年に，ロシア人のロバチェフスキーとハンガリー人のボヤイが相次いで，第5*公準に基づく新しい幾何学——非ユークリッド幾何学——を発表した．

　この幾何学における諸命題は，いかにも奇妙である：「三角形の内角の和は2直角より小さい．」，「1つの直線上に，同じ側に同じ長さの垂線を立て，端点を結んでも（全て直角の）長方形にはならない．」，「相似だが合同でない図形は存在しない」等々．

しかし，いくら命題を積み重ねても，これらは互いに内部矛盾を起こさず，奇妙ながらもつじつまの合った世界を形作っている．これが非ユークリッド幾何学である．（対比するため，従来の幾何学は**ユークリッド幾何学**とよぶようになった．）

5.6　ポアンカレモデル

非ユークリッド幾何学はほんとうに内部矛盾を含まないのだろうか．命題の数は無数にあるだろうから，いつか内部矛盾に到着することはないだろうか．

この疑問は1870年頃に解決された．ベルトラミ，クライン，ポアンカレが相次いで，非ユークリッド幾何学のモデル（ユークリッド空間内で，非ユークリッドの公理をみたす対象物）を構成してみせたからである．このようなものが存在するので，ユークリッド幾何学が内部矛盾を含まない限り，非ユークリッド幾何学も内部矛盾を含まないことがわかる．（ユークリッド幾何学の無矛盾性は，後に，ヒルベルトによって確立された．）

さて，ポアンカレモデルを説明しよう．

図 5.18 の円 Γ の内部 Δ が，ポアンカレによる非ユークリッドのモデルである．この世界における「点」とは普通の意味の点のことで，「直線」とは，Γ に直交する円 C の Δ に入っている部分——円弧 $\overparen{AB}$ である（図 5.19）．（例外として，Γ の直径も「直線」の仲間に入れる．）この「直線」上の 2 点 P, Q の間の「距離」$d(P, Q)$ を

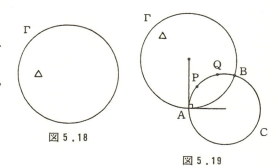

図 5.18

図 5.19

$$d(P, Q) = \log(P, Q ; B, A)$$

で定義する．ここに $(P, Q ; B, A)$ は §5.2 で出てきた複比で，いまの場合，1 以上の実数値を持っている．このように定義すると $d(P, Q)$ は距離の性質を持つ．また，P が A に近づく（または Q が B に近づく）と，$d(P, Q)$ は限りなく大きくなる．これは Δ の境界 Γ が，この世界の「無限の彼方」であることを示す．

二「直線」間の「角」とは，円弧間の角と定義する．また「円」とは，一

点（「中心」）から等「距離」にある点の軌跡と定義する．それは普通の意味の円になるが，「中心」が中心と一致するとは限らない．

このように定義された「点」，「直線」，「角」，「円」がユークリッドの第1〜第4公準と第5*公準をみたしている（図5.20）．

これが非ユークリッド平面（双曲平面）のポアンカレモデルである．非ユークリッド空間（双曲空間）のポアンカレモデルは，球体（球の内部）である．

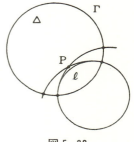

図 5.20

(5.7) 双曲平面の鏡映

双曲平面の直線に関する対称変換（鏡映）も，ユークリッド平面（ふつうの平面）の直線に関する鏡映と同様に定義される．すなわち，双曲平面上に直線 ℓ があるとき，ℓ に関する**鏡映**とは，各点Pに対し，Pから ℓ に垂線（双曲平面でも唯一つ存在する）を下ろし，その足をDとするとき，PDの延長上にPD＝DQとなる点Qをとり，PをQに対応させる対応（変換）のことである．鏡映は長さ，角を変えない．

鏡映をポアンカレモデルを通してながめてみよう．図5.19の円弧$\stackrel{\frown}{AB}$が「直線」である．この「直線」に関する「鏡映」とは，円弧$\stackrel{\frown}{AB}$を含む円Cに関する反転に他ならない．反転は命題5.1より Γ を Γ にうつし，その内部 Δ を Δ にうつす．命題5.4，5.5により「長さ」「角」を変えない．

このように，反転がポアンカレモデルを通して，双曲幾何学と深い関わりをもつことがわかる．

(5.8) 複素数平面について

複素数平面については，高校数学で取り扱ったり，取り扱わなかったりするので，補足として，ここで述べておく．

平面に座標 (x, y) を入れた座標平面を考える．さらに座標 (x, y) である点と複素数 $z=x+yi$ $(i=\sqrt{-1})$ を**同一視する**．この同一視により，平面を複素数全体の集合と考えることができる．こう考えたとき，この平面を**複素数平面**とよぶ．

図5.21は複素数平面をあらわしている．原点に0（ゼロ）があり，点 (1, 0), (0, 1), (−1, 0), (0, −1) にそれぞれ，1, i, −1, $−i$ がある．x-軸は**実軸**と言う．実軸上に実数全体がのっている．y-軸は**虚軸**と言う．虚軸

上に純虚数全体がのっている．

複素数平面はガウス（1777-1855）等により導入された．**ガウス平面**ともよばれる．実数全体を直線と同一視し，数直線とよぶように，複素数平面は自然な考えである．

複素数の和と差は，複素数平面上ではベクトル的にとらえられる．すなわち，複素数 z, w を 0 を始点とし，z, w を終点とするベクトル $\overrightarrow{OZ}$, $\overrightarrow{OW}$ と同一視したとき，$z+w$, $z-w$ はそれぞれ，ベクトル $\overrightarrow{OZ}+\overrightarrow{OW}$, $\overrightarrow{OZ}-\overrightarrow{OW}$ が 0 を始点とするときの終点である（図 5.22）．

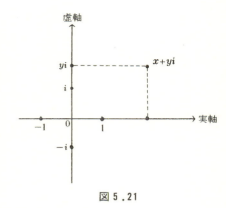

図 5.21

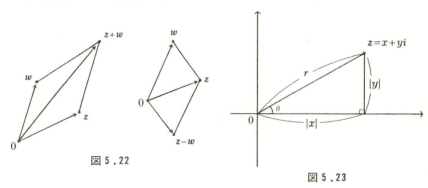

図 5.22

図 5.23

複素数の積と商を複素数平面上で考えるために，次の考察をする．図 5.23 のような直角三角形を考える．

$$r=\sqrt{x^2+y^2}, \quad \tan\theta=\frac{y}{x}$$

であり，

$$x=r\cos\theta, \quad y=r\sin\theta$$

である．ゆえに

$$z=r(\cos\theta+i\sin\theta) \quad (r\geq 0)$$

と書ける．これを**複素数の極表示**とよぶ．$z\neq 0$ ならば，この形に書ける r と θ は，（θ の方は360°を法として）ただ一組に決まる．r を $|z|$ と書き，**複素数 z の絶対値**とよぶ．また，θ は $\arg(z)$ と書き，**z の偏角**とよぶ．

$$w = r'(\cos\theta' + i\sin\theta')$$

を複素数 w の極表示とするとき，zw は，三角関数の加法定理より

$$zw = rr'(\cos\theta + i\sin\theta)(\cos\theta' + i\sin\theta')$$
$$ = rr'[(\cos\theta\cos\theta' - \sin\theta\sin\theta') + i(\cos\theta\sin\theta' + \sin\theta\cos\theta')]$$
$$ = rr'[\cos(\theta+\theta') + i\sin(\theta+\theta')]$$

となる．これが zw の極表示である．

$w \neq 0$ のとき，z/w は同様に

$$\frac{z}{w} = \frac{r}{r'}[\cos(\theta-\theta') + i\sin(\theta-\theta')]$$

となる．これが z/w の極表示である．まとめて

◀命題 5.6▶ 複素数 z, w に対して
(1) $|zw| = |z||w|$,
(2) $\arg(zw) = \arg(z) + \arg(w)$.

さらに $w \neq 0$ のときは
(3) $|z/w| = |z|/|w|$,
(4) $\arg(z/w) = \arg(z) - \arg(w)$.

この命題より，固定された複素数 α ($\neq 0$) に対し，複素数平面からそれ自身への変換

$$z \longmapsto \alpha z$$

は，点 Z を O 中心に角 $\arg(\alpha)$ 回転し，さらに O 中心に $|\alpha|$ 倍相似拡大（縮小）する変換である――ことがわかる．とくに $|\alpha|=1$ の場合は，角 $\arg(\alpha)$ の回転である．

命題 5.6 より次が得られる．

◀命題 5.7▶ （ド・モアブルの公式）
$$(\cos\theta + i\sin\theta)^n = \cos(n\theta) + i\sin(n\theta)$$
$$(n = 0, \pm 1, \pm 2, \cdots)$$

この命題における複素数，すなわち $|z|=1$ となる複素数 z 全体は，O 中心，半径 1 の円をなす．これを**単位円**とよぶ（図 5.24）．

さて，方程式
$$x^n - 1 = 0$$
の解は n 個あり，それらは命題 5.7 より次

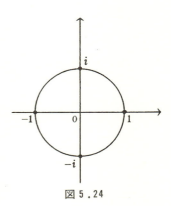

図 5.24

の n 個である：
$$\xi=\cos\frac{360°}{n}+i\sin\frac{360°}{n}, \quad \xi^2, \; \xi^3, \cdots, \; \xi^n=1$$

これらは単位円上にあって，1をひとつの頂点とする正 n 角形の頂点を形づくっている（図 5.25）．

この解釈に基づいて，ガウスは19才のとき，「正17角形（および正257角形，正65537角形，一般には，2^m+1，（$m=2^k$）の形の素数 p の正 p 角形）の，定規とコンパスによる作図が可能である」ことを発見した．古代ギリシャ以来の大発見であった．（ガウスより前の人々は，正三角形，正四角形，正五角形，正十五角形及びそれらを 2^ℓ（$\ell=1, 2, \cdots$）倍した正 n 角形の作図しか出来ないであろうと信じていた．）

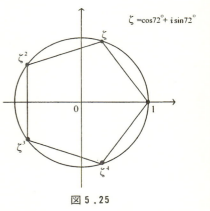

図 5.25

平面図形に関する諸定理は，複素数平面上で考えて，複素数を用いた数式で書くことにより，計算によって証明することができる．定理によっては，ふつうの座標系（デカルト座標系）を用いて書くより，簡単で見通しがよい場合がある．

第6節　幾何学における諸問題

6.1　問題へのアプローチ

　この節では，幾何学の諸問題（最大問題，最小問題，作図など）を解くために考えられた，沢山の人々による美しい知恵の結晶のいくつかを紹介する．その中で，とくに最大，最小問題は，古くから人々の興味をひき，個々の問題に対し独自のアイデアに富んだ方法が開発されてきた．しかるに微積分法の発見は，一挙に普遍的な方法をあたえた．個々の特性にこだわらず，一定の計算方式に基づいて計算し答を出すことが可能になった．微積分法はすばらしい方法で，工夫をこらしてもなかなか答の得られない問題にも，あっと言う間に答をあたえることがしばしばある．

　しかし，ここに落とし穴がある．自分で工夫することを忘れてしまう．何でもかでも計算に持ち込もうとする硬直した考え方に陥りやすい．また，問題によっては，計算が泥沼に落ち込んで答がなかなか得られないこともある．それが思いがけない工夫によって，あざやかに解けることがある．

　それぞれ長所短所があるので，たがいに足りない点を補いつつ問題にあたるのが大事である．

6.2　定角内の定点に関する問題

　次の問題から始めよう．

問題 6.1　定角 XOY 内に定点 A がある．A をとおる直線 ℓ をいろいろ動かすとき，ℓ が XOY を切り取る三角形の面積 S を最小にする ℓ をもとめよ（図 6.1）．

解答　A をとおる直線 ℓ と OX, OY との交点をそれぞれ P, Q とおく．答は，A が XOY で切り取る線分の中点となる

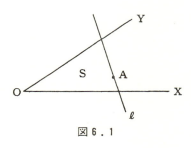

図 6.1

ような直線 ℓ_0 である（図6.2）．じっさい ℓ_0 と OX, OY との交点をそれぞれ P_0, Q_0 とおき，Q_0 から OX に平行な線をひき，ℓ との交点を R とすると，$\triangle APP_0 \equiv \triangle ARQ_0$（合同）となるので，面積は
$$\triangle OP_0Q_0 = \square OPRQ_0 < \triangle OPQ$$
となるから，ℓ_0 が最小値をあたえる．

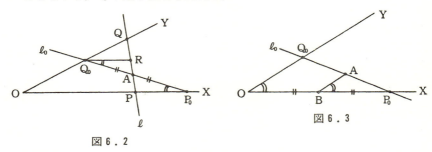

図6.2　　図6.3

注意　そのような ℓ_0 の作図は，図3のように A から OY に平行な線をひいて OX との交点を B とするとき，$OB = BP_0$ となる P_0 を OX 上にとればよい．（中点連結定理．）

問題6.2　定角 XOY 内に定点 A がある．A をとおる直線 ℓ をいろいろ動かすとき，ℓ が XOY を切り取る三角形の周の長さを最小にする ℓ をもとめよ．

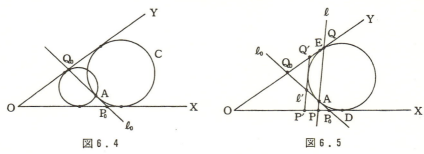

図6.4　　図6.5

解答　A をとおり，OX と OY の両方に接する円を描く．それは図6.4で見るように2つあるが，そのうち O から遠い方の円 C に，A で接線 ℓ_0 をひく．これが答である．なぜなら，ℓ_0 と OX, OY との交点をそれぞれ P_0, Q_0 とおき，A をとおる他の直線 ℓ と OX, OY との交点をそれぞれ P, Q とおく．ℓ に平行で円 C に図6.5のように接する直線を ℓ' とし，ℓ' と OX, OY と交点をそれぞれ P', Q' とおく．このとき
$$OP + PQ + QO > OP' + P'Q' + Q'O$$

$$= \mathrm{OD} + \mathrm{OE}$$
$$= \mathrm{OP}_0 + \mathrm{P}_0\mathrm{Q}_0 + \mathrm{Q}_0\mathrm{O}$$

となるからである．ここにD，Eはそれぞれ円CとOX，OYの接点である．
（1点から円への2接線の長さが等しいことを用いている．）

注意 図6.4の円Cを作図するには次のようにすればよい．図6.6のように，まずOX，OYの両方に接する小円C'を描く．OAとC'の2交点のうち，Oに近い方をA'とおく．C'とOX，OYとの接点をそれぞれD'，E'とする．

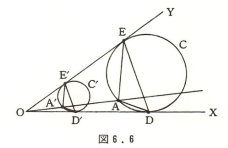

$$\mathrm{A'D'} /\!/ \mathrm{AD}, \quad \mathrm{A'E'} /\!/ \mathrm{AE}$$

図6.6

となるOX，OY上の点D，Eをそれぞれとると，△ADEの外接円が求めるべき円Cである．この作図法は**相似法**とよばれ，いろいろな作図法の中でもとくに鮮やかである．

上の2題の解答は，幾何学的アイデアに基づいて解かれている．しかし次の一見やさしい問題には，（私には）幾何学的アイデアが見つけられず，微積分法にたよらざるを得ない感じがする．

問題6.3 ∠XOYを90°とする．∠XOY内に定点Aがある．Aをとおる直線 ℓ をいろいろ動かすとき，∠XOY内の ℓ の部分の長さを最小にする ℓ をもとめよ．

解答 OXを x 軸，OYを y 軸とする座標系をとり，$\mathrm{A} = (a, b)$ とし，ℓ と x 軸，y 軸との交点をそれぞれ $\mathrm{P} = (u, 0)$，$\mathrm{Q} = (0, v)$ とおき，∠APO $= t$（ラジアン）とおく（図6.7）．

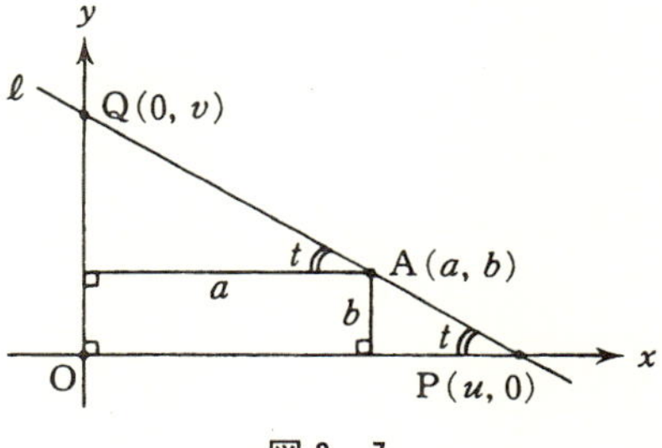

$$\mathrm{PQ} = \mathrm{PA} + \mathrm{AQ} = \frac{b}{\sin t} + \frac{a}{\cos t}$$

図6.7

この式の右辺を t の関数とみて $f(t)$ とおく．t は $0 < t < \dfrac{\pi}{2}$ の範囲で動く．

$$f(t) \longrightarrow +\infty \ (t \longrightarrow 0), \ f(t) \longrightarrow +\infty \left(t \longrightarrow \frac{\pi}{2}\right)$$

なので，最小値は $0 < t < \frac{\pi}{2}$ のどこかでとり，そこで $f'(t) = 0$ をみたす．

$$f'(t) = -\frac{b\cos t}{\sin^2 t} + \frac{a\sin t}{\cos^2 t} = \frac{a\sin^3 t - b\cos^3 t}{\cos^2 t \sin^2 t}$$

したがって

$$f'(t) = 0 \Longleftrightarrow \tan t = \sqrt[3]{\frac{b}{a}} \qquad \cdots (1)$$

(1)をみたす角 t に対応する直線 $\ell = \ell_0$ が PQ の最小値をあたえる．

(1)より

$$\left(\frac{b}{u-a}\right)^3 = \frac{b}{a} \qquad \therefore \quad u = a + a^{\frac{1}{3}} b^{\frac{2}{3}}$$

同様に

$$v = b + a^{\frac{2}{3}} b^{\frac{1}{3}}$$

したがって PQ の最小値は次式であたえられる：

$$(a^{\frac{2}{3}} + b^{\frac{2}{3}})^{\frac{3}{2}}.$$

注意 最小値をあたえる u, v は

$$u = \frac{a}{\cos^2 t}, \qquad v = \frac{b}{\sin^2 t}$$

をみたす．したがって

$$a = u\cos^2 t, \qquad b = v\sin^2 t$$

となる．これは『点 A $= (a, b)$ が R $= (u, v)$ から ℓ_0 に下した垂線の足である』ことを意味する（図 6.8）．しかし，($a \neq b$ のときは）この条件をみたすように（目盛りのない）定規とコンパスで ℓ_0 を作図することは出来ない．この直線 ℓ_0 を**フィロ線**とよぶ．フィロは古代ギリシャの幾何学者で，デロス神殿の問題（立方体の体積を2倍にする問題）との関連でこの問題を研究したといわれる．

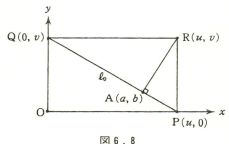

図 6.8

6.3　面積の最大問題

問題6.4　周の長さが一定のいろいろな三角形の中で，最大の面積をもつものは何か．

解答1　答は正三角形である．その理由を以下にのべる．Lをあたえられた正の数とし，Lを周の長さとする△ABCを考える．もし△ABCが正三角形でないとすると

$$AB > \frac{L}{3} > AC$$

と仮定してよい．B, Cを焦点とし，Aをとおる楕円の短軸の頂点をMとする（図6.9）．AからMまで楕円の弧上を点Pが動くとする．このときBPはだんだん小さくなり，CPはだんだん大きくなる．

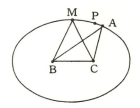

図6.9

　(イ)　BM=CM≧L/3のときは，弧 $\widehat{AM}$ 上に，CP=L/3となる点Pがある．

　(ロ)　BM=CM≦L/3のときは，弧 $\widehat{AM}$ 上に，BP=L/3となる点Pがある．

このような点Pをとると，△PBCは△ABCと比べ，周の長さは同じであり，底辺BCが同じだが，高さが高いので面積が大きい．

そこで記号をかえて，改めて△PBCを△ABCとおけば，周の長さはLが，その一辺の長さがL/3に等しい（元の三角形より面積が大きい）三角形がえられる．

これが正三角形でないとすると，L/3に等しい辺を底辺として，上と同じ議論を行えば，周の長さはLで，より面積が大きく，二辺がL/3である三角形すなわち正三角形がえられる．

したがって，正三角形が面積最大である．

解答2　相加平均と相乗平均に関する次の命題を用いる：

◀**命題6.1**▶　a, b, c 正の数とすると

$$\sqrt[3]{abc} \leq \frac{a+b+c}{3}$$

ここで等号は，$a=b=c$ のとき，そのときのみ起きる．

さて，a，b，c を三辺の長さとする三角形は，周の長さ L と面積 S がそれぞれ

$$L = a + b + c$$

$$S = \sqrt{\frac{L}{2}\left(\frac{L}{2} - a\right)\left(\frac{L}{2} - b\right)\left(\frac{L}{2} - c\right)}$$

であたえられる．（S の方は，**ヘロンの公式**とよばれる．ヘロンは A. D. 50 年頃，アレキサンドリアで活躍した数学者である．この公式は，$\angle A = \alpha$ とおくとき，

$$S = \frac{1}{2}bc\sin\alpha,$$

$$\sin\alpha = \sqrt{1 - \cos^2\alpha},$$

$$\cos\alpha = \frac{b^2 + c^2 - a^2}{2bc} \quad (\text{余弦定理})$$

において，下式を上式に順次代入し，計算して整理すると得られる．）命題 6.1 を用いると

$$\frac{2S^2}{L} = \left(\frac{L}{2} - a\right)\left(\frac{L}{2} - b\right)\left(\frac{L}{2} - c\right)$$

$$\leqq \left[\frac{\left(\frac{L}{2} - a\right) + \left(\frac{L}{2} - b\right) + \left(\frac{L}{2} - c\right)}{3}\right]^3$$

$$= \left(\frac{L}{6}\right)^3$$

ゆえに

$$S \leqq \frac{L^2}{4\sqrt{27}}$$

ここで等号は $a = b = c = L/3$（正三角形）のとき，そのときのみ起きる．

問題 6.5 周の長さが一定のいろいろな四角形のなかで，最大の面積をもつものは何か．

解答 答は正方形である．その理由を以下にのべる．図 6.10のように凸でない四角形 ABCD に対し，AC で折り返した四角形 ABCD′ を作ると，周の長さは同じで，面積が ABCD′ の方が大きい．

そこで，はじめから四角形 ABCD は凸四角形であると仮定してよい．周の長さを L とする．

いま，四角形 ABCD が菱形でないとする．

ABが最大辺とする．このとき，隣の辺BCが最小辺と仮定してよい．なぜなら対辺CDが最小辺とすると，図6.11のように△BCDを切り取って裏返しにして貼り付け，四角形AB'C'D'を作れば，周の長さは同じLで，B'C'が最小辺となるものがえられるからである．

このとき
$$AB > \frac{L}{4} > BC$$
となっている．

いま，A，Cを焦点とし，Bをとおる楕円を考えると，問題6.4の解答1と同様に，図6.12のように楕円上に点B'をみつけてAB'かCB'がL/4となるようにできる．

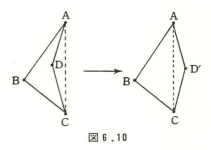

図6.10

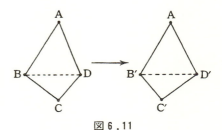

図6.11

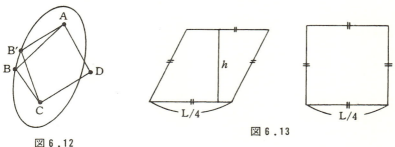

図6.12

図6.13

この議論をくり返すと，周の長さが同じLで，四角形ABCDより面積の大きい菱形A'B'C'D'がえられる．

そこで，あらかじめ四角形ABCDを菱形と仮定してよい．菱形の面積は，一辺の長さ（＝L/4）と高さhの積である（図6.13）．h＝L/4のとき，すなわち正方形のときが面積最大となる．

注意 同様の方法により『周の長さが一定のいろいろなn角形のなかで，最大の面積をもつものは正n角形である』ことを示すことができる．

演習問題6.1 定円に内接するいろいろな三角形のなかで，最大の面積をも

つものは何か．
（ヒント：問題6.4の解答1と同じアイデア．）

問題6.6 各辺の長さ $AB=a$, $BC=b$, $CD=c$, $DA=d$ が一定のいろいろな四角形のなかで，最大の面積をもつものは何か．

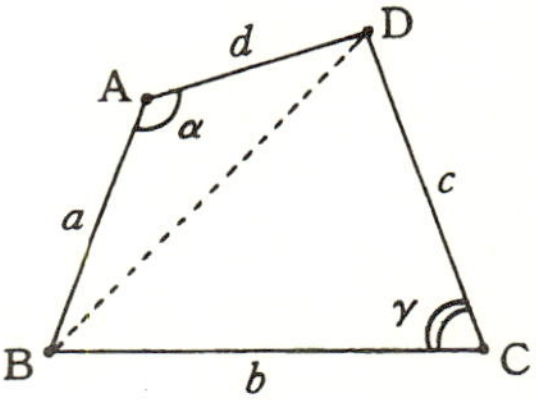

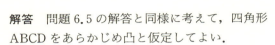

図6.14

解答 問題6.5の解答と同様に考えて，四角形ABCDをあらかじめ凸と仮定してよい．
$$\angle A = \alpha, \quad \angle C = \gamma$$
とおく（図6.14）．余弦定理より
$$BD^2 = a^2 + d^2 - 2ad\cos\alpha \qquad \cdots(2)$$
$$BD^2 = b^2 + c^2 - 2bc\cos\gamma \qquad \cdots(3)$$
これら2式の差をとり，移項して2で割ると
$$\frac{1}{2}(a^2+d^2-b^2-c^2) = ad\cos\alpha - bc\cos\gamma \qquad \cdots(4)$$
一方，四角形ABCDの面積 S は
$$S = \frac{1}{2}ad\sin\alpha + \frac{1}{2}bc\sin\gamma$$
したがって
$$2S = ad\sin\alpha + bc\sin\gamma \qquad \cdots(5)$$
(4)と(5)の2乗をとり，辺々加えると
$$\frac{1}{4}(a^2+d^2-b^2-c^2)^2 + 4S^2 = (ad)^2 + (bc)^2 - 2abcd\cos(\alpha+\gamma)$$
これが最大となるのは
$$\cos(\alpha+\gamma) = -1 \quad \text{すなわち} \quad \alpha+\gamma = 180°$$
のときである．

答 四角形が円に内接するとき面積が最大値
$$S = \frac{1}{4}\sqrt{(-a+b+c+d)(a-b+c+d)\cdot(a+b-c+d)(a+b+c-d)}$$
をとる．

演習問題6.2 △ABC の内部の動点 P から各辺（またはその延長上）に下した垂線の長さを x, y, z とするとき，積 xyz を最大とする点 P の位置をもとめよ．
（ヒント：問題6.4の解答2と似た方法）

(6.4) 長さの最小問題

次の問題はフェルマー（1601-1665），カバリエリ（1598-1647）等に研究された有名問題である．

問題 6.7 △ABC は，どの角も 120°より小さいとする．△ABC の内部に動点 P をとるとき，AP＋BP＋CP を最小にする点 P の位置をもとめよ．

解答 1 はじめに次の命題を示す．

◀**命題 6.2** ▶ 正三角形△ABC の内部の動点 P から各辺に下した 3 垂線の和は，P によらず一定である（図 6.15）．

●**証明** ● 正三角形△ABC の面積は，一辺を a とすると

$$S = \frac{\sqrt{3}}{4}a^2$$

であたえられる．一方それは，図 6.15 より

$$S = \frac{1}{2}ax + ay + az = \frac{a}{2}(x+y+z)$$

でもあたえられる．ゆえに

$$x+y+z = \frac{2S}{a} = \frac{\sqrt{3}}{2}a.$$

証明終

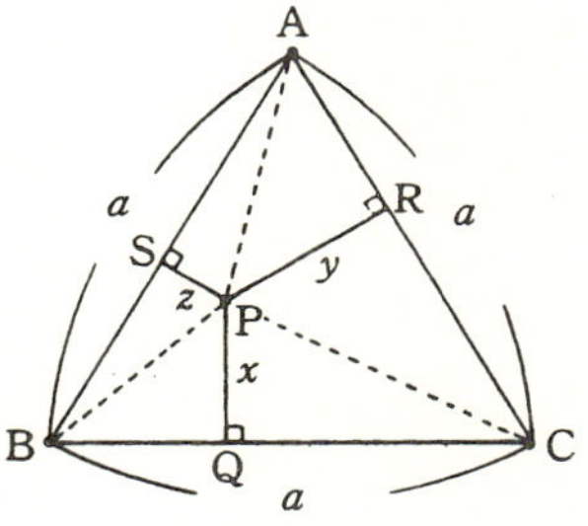

図 6.15

さて，問題 6.7 に戻る．問題 6.7 の答は，各辺を 120°でのぞむ点 P_0 である（図 6.16．この点 P_0 を△ABC のフェルマー点とよぶことがある．）その

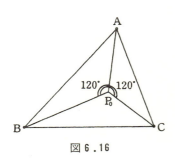

図 6.16

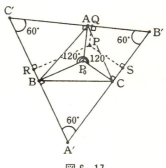

図 6.17

理由を以下にのべる．いま，各点 A，B，C でそれぞれ P_0A，P_0B，P_0C に垂線をたてると，それら 3 垂線は正三角形 $\triangle A'B'C'$ をつくる（図 6.17）．

$\triangle ABC$ の内部の動点 P から $\triangle A'B'C'$ の各辺に下した垂線の足を Q，R，S とおくと，図 6.17 からわかるように
$$AP+BP+CP \geqq QP+RP+SP$$
$$= AP_0+BP_0+CP_0$$
が命題 6.2 よりえられるので，P_0 が答であることがわかる．

解答 2　$\triangle APC$ を点 A 中心に 60° 回転した三角形 $\triangle AP'C'$ を考える（図 6.18）．

$\triangle APP'$ は $AP=AP'$ で $\angle PAP'=60°$ なので，正三角形である．同様に $\triangle ACC'$ も正三角形である．また，$\triangle APC \equiv \triangle AP'C'$ より $PC=P'C'$ である．ゆえに
$$AP+BP+CP = BP+PP'+P'C' \geqq BC'$$

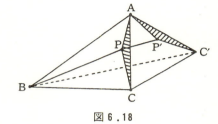

図 6.18

折れ線 $BPP'C'$ が直線となるとき，そのときのみ等号が成立する．それは
$$\angle BPA = 180° - \angle APP' = 180° - 60° = 120°,$$
$$\angle APC = \angle AP'C' = 180° - \angle AP'P$$
$$= 180° - 60° = 120°$$
のとき，そのときのみ起きる．

答　各辺を 120° でのぞむ点 P_0 が最小値をあたえる（図 6.16参照）．最小値は
$$BC' = \sqrt{b^2+c^2-2bc\cos(A+60°)}$$
$$= \sqrt{\frac{a^2+b^2+c^2}{2}+2\sqrt{3}S}$$
であたえられる．ここに $a=BC$，$b=CA$，$c=AB$，$S=\triangle ABC$ の面積である．

注意　(イ) 上の議論は，動点 P が $\triangle ABC$ の外部や周上にあっても同様で，やはり P_0 が最小値をあたえる．

(ロ) $\angle A \geqq 120°$ である $\triangle ABC$ に対し，$AP+BP+CP$ の最小値は $P=A$ のときの $AB+AC$ である．（その理由は読者自ら考えて下さい．）

演習問題 6.3 凸四角形 ABCD の内部に動点 P をとるとき，AP＋BP＋CP＋DP を最小とする点 P の位置を求めよ．

演習問題 6.4 辺の長さ a＝AB，b＝BC が $a<\sqrt{3}\ b$ をみたす長方形 ABCD の内部に動点 P，Q をとるとき，AP＋BP＋PQ＋QC＋QD を最小とする点 P，Q の位置を求めよ．

次の問題は私の作品である．

問題 6.8 a，b，θ を $a\cos\dfrac{\theta}{2}<b<a$，$0<\theta<180°$ をみたす正定数とする．点 O を中心に半径 a の円を考える．この円内に点 A，B があって，OA＝OB＝b，$\angle$AOB＝θ をみたすとする．円周上に動点 P をとるとき，AP＋BP を最小にする点 P の位置をもとめよ（図 6.19）．

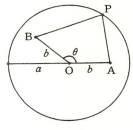

図 6.19

解答 点 P が図 6.19 の $\angle$AOB 内にあるときだけを考えればよい．なぜなら，P が OB（または OA）に対し，$\angle$AOB と反対側にあるときは，OB（または OA）に関し折り返した点 P′ をとると AP＋BP＞AP′＋BP′ となる．また，円上の任意の点に対し，OA，OB に関する折り返し（鏡映）を交互に有限回（高々，$180°/\theta$ を越えない整数回）おこなえば，必ず $\angle$AOB に落ちるからである．

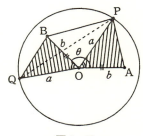

図 6.20

点 P が $\angle$AOB 内にあるとする．△OAP を O 中心に角 θ 回転させると，△OBQ がえられる（図 6.20）．Q はやはり円周上の点で，$\angle$POQ＝θ である．

$$\begin{aligned}\mathrm{AP}+\mathrm{BP} &= \mathrm{QB}+\mathrm{BP}\\ &\geq \mathrm{QP}=\sqrt{2a^2(1-\cos\theta)}\end{aligned}$$

（最後の等式は，二等辺三角形 OPQ に関する余弦定理よりえられる．）ここで等号が起きるのは，折れ線 QBP が直線となること，すなわち

$$\angle\mathrm{QBO}+\angle\mathrm{OBP}=\angle\mathrm{OAP}+\angle\mathrm{OBP}=180°$$

となることである．これは 4 点 O，A，P，B が円一円周上にあることにほかならない．

答 △OABの外接円と元の円Oとの交点（条件 $a\cos\frac{\theta}{2} < b$ より，それは2点存在する）P_0 が最小値をあたえ，最小値は $a\sqrt{2(1-\cos\theta)}$ である．

読者は，問題6.8において，$\theta=90°$の場合に，微積分を用いて解いてみて下さい．

6.5 面積を半分に分ける作図

問題6.9 図6.21のようなイビツな形の四角形□ABCDがある．辺BCの中点Mをとおる直線MN（NはADとの交点）を引いて，□ABCDの面積を二等分せよ．

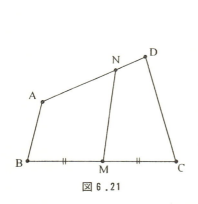

図6.21

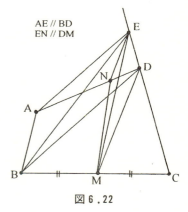

AE // BD
EN // DM

図6.22

解答 まず，□ABCDと同じ面積を持つ三角形 △EBC を次のように作る．Aから，対角線BDに平行な直線を引き，CDの延長との交点をEとする．面積において △ABD=△EBD ゆえ，□ABCD=△EBC である（図6.22）．

次にEとMをむすぶと，

$$\triangle EMC = \frac{1}{2}\triangle EBC = \frac{1}{2}\square ABCD.$$

この三角形 △EMC から，上の逆の操作で，四角形を作ってやればよい．すなわち，EからDMに平行な直線を引き，ADとの交点をNとする．△EMD=△NMD ゆえ

$$\square NMCD = \triangle EMC = \frac{1}{2}\square ABCD.$$

となって，MNが求めるべき直線となる．

作図 CDの延長上に，AE//BDとなる点Eをとり，AD上にEN//DM

となる点 N をとれば，MN が四角形の面積を二等分する．(M が n 等分点なら，MN は四角形の面積を n 等分する直線（の一本である.）

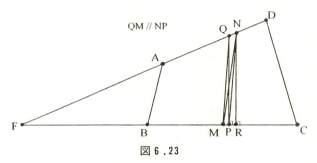

図 6.23

[問題 6.10] 図 6.23 のようなイビツな形の四角形 △ABCD がある．辺 BC のある点 P で垂線 PQ（Q は AD との交点）を立てて，△ABCD の面積を二等分せよ．

解答 M を辺 BC の中点とし，MN を問題 6.9 の解である，△ABCD の面積を二等分する直線とする．DA の延長と CB の延長とが交わる点を F とする．

さて，BC の垂線 PQ が求めるべきものと仮定して，PQ がみたすべき条件を求め，その条件をみたす PQ が逆に，求めるべきものであることを示す．（この方法を，一般に，**作図における「解析」**とよんだ.）

$$△NMCD = \frac{1}{2}△ABCD = △QPCD$$

なので，QM//NP である．ゆえに

$$FM : FP = FQ : FN$$

いま，N から BC に下した垂直の足を R とすれば，QP//NR ゆえ

$$FQ : FN = FP : FR$$

両式より，

$$FM : FP = FP : FR, \quad (FP)^2 = FM \cdot FR.$$

逆に，辺 BC 上に $(FP)^2 = FM \cdot FR$ となる点 P を求め，P で BC に垂線 PQ を立てれば，QM//NP となって，PQ は △ABCD の面積を二等分する．

作図 F を DA の延長と CB の延長の交点とし，M を辺 BC の中点とする．MN を △ABCD の面積を二等分する直線（N は AD との交点）とし，N より BC に下した垂線の足を R とする．BC 上に，$(FP)^2 = FM \cdot FR$ をみたす

点Pをもとめ，PでBCに垂線PQ（QはADとの交点）を立てれば，PQが求めるべき垂線である．（AD//BCのときは，PとしてMRの中点をとればよい．）

なお，$(FP)^2 = FM \cdot FR$ となる点Pの作図は，$FM = a$，$FR = b$，$PF = x$ とおくと，$ab = x^2$，$x = \sqrt{ab}$（相乗平均）なので，図6.24のように，$a+b$ を直径とする円を描き，a と b のつなぎ目の所で直径に立てた垂線と円の交点までの距離を x とすればよい．

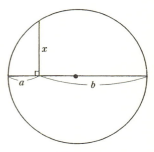

図6.24

(6.6) 円の作図

第4節，第5節で，いくつかの円が接している図が沢山あらわれた．ここでは，そのような円の作図を取り扱かう．

[問題6.11] 円 Γ と点A，Bがあたえられているとき，Γ に接し，A，Bをとおる円を作図せよ．

解答 そのような円 Δ を描いたとする（図6.25）．接点Pでの共通接線とABとの交点をEとすると，
$$EP^2 = EA \cdot EB$$
である．A，Bをとおり，Γ と2点で交わる円 Δ' を描く．Γ との交点をC，Dとすると，CDは（方巾の定理より）Eをとおり，
$$EC \cdot ED = EP^2 = EA \cdot EB$$
となる．それゆえ，作図は次のようにすればよい．

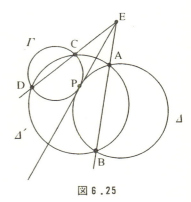

図6.25

作図 A，Bをとおり，Γ と2点で交わる円 Δ' を描く．交点C，Dを結んだ直線CDとABとの交点Eから Γ に接線（2本ある）を引き，接点をPとすれば，$\triangle ABP$ の外接円が求める円 Δ である．（接線の引き方は，Γ の中心をOとするとき，EOを直径とする円と Γ との交点Pをとり，EPとすればよい．）もし，CDとABが平行ならば，これらに平行な Γ の接線を引き，接点をPとすればよい．

[問題6.12] 2円 Γ, Γ' と，点Aがあたえられているとき，Γ, Γ' の両者に接し，点Aをとおる円を作図せよ．

解答 そのような円 Δ を描いたとする（図6.26）．Γ との接点をP，Γ' との接点をP′とする．Γ の中心Oと Γ' の中心O′を結ぶ中心線OO′とPP′との交点Fは，円 Γ と円 Γ' の相似の中心，すなわち共通（外）接線の交点であり，

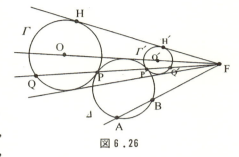

図6.26

$OF : O'F = r : r'$ （r は Γ の半径，r' は Γ' の半径）となる点でもある．その理由は，（第5節にもあらわれたが）PP′と Γ, Γ' の他の交点をQ, Q′とすると，二等辺三角形 $\triangle OQP$ と $\triangle O''P'P$ （O″は Δ の中心）と $\triangle O'P'Q'$ が相似となり，$\triangle OQP$ と $\triangle O'P'Q'$ の相似の中心がFとなるからである．FAと Δ の交点をBとすると，

$$FA \cdot FB = FP \cdot FP' = FQ \cdot FQ' = FH \cdot FH' \quad (一定)$$

となる．ここにH, H′は共通（外）接線と，Γ, Γ' との接点である．逆に，点Bは，この関係によって定められる．それゆえ，求めるべき円 Δ は，点A, Bをとおり，円 Γ に接する円で，それは問題6.11の解答で作図される．

作図 Γ と Γ' の相似の中心Fから，Γ, Γ' へ共通（外）接線を引き，交点をH, H′とする．$\triangle AHH'$ の外接円とFAとの（A以外の）交点をBとする．Γ に接し，点A, Bをとおる円を（問題6.11の解答のように）作図すれば，それが求める円である．

[問題6.13] あたえられた3円 Γ, Γ', Γ'' 全てに接する円を作図せよ．

解答 いま，3円が互いに他の外側にあると仮定し，これら全てに外接する円を作図する．（他のケースは，このケースにおける議論を修正すればよい．）

求めるべき円 Δ を描いたと仮定する（図6.27），Γ, Γ', Γ'' の中心と半径を，それぞれO, O′, O″ ; r, r', r'', ただし，$r \geqq r' \geqq r''$，とする．OとO′中心，半径 $r - r''$, $r' - r''$ の円を描き，それぞれ Γ_1, Γ_1' とおく．このとき O″ をとおり，Γ_1, Γ_1' に接する円 Δ' を（問題6.12の解答のように）作図すれば，Δ と Δ' は同じ中心を持つ．従って Δ は，その点中心に，Γ に接する円である．

作図 O中心に半径 $r-r''$ の円 Γ_1 を描き，O′中心に半径 $r'-r''$ の円 Γ_1' を描く．O″をとおり，Γ_1，Γ_1' に接する円を（問題6.12の解答のように）作図し，その中心を中心に，Γ に接する円 Δ を描けば，これが求めるものである．

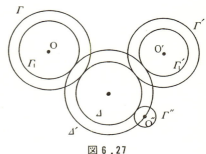

図 6.27

|演習問題 6.5| あたえられた点Aをとおり，あたえられた円 Γ とあたえられた直線 ℓ の両方に接する円を作図せよ．

|演習問題 6.6| あたえられた2円 Γ，Γ' と，あたえられた直線 ℓ に接する円を作図せよ．

(6.7) 軌跡問題

一定の条件をみたす点の集合が曲線となる場合，それを**軌跡**と言う．（集合が曲線とならない場合も，広い意味で軌跡と言うが，ここでは簡単のため，曲線となる場合に限定しよう．）それを決定する問題を**軌跡問題**と言う．

次の典型的な軌跡問題を考えよう．

|問題 6.14| 平面上において，2定点A，Bからの距離の比が一定となる点Pの軌跡は何か．

その比が1:1ならば，答はあきらかに，線分ABの垂直二等分線である．それ以外の場合は，次の定理を応用して解く：

定理 6.1

三角形 △ABC の ∠A の二等分線と BC との交点をDとし，∠A の外角の二等分線と BC の延長との交点をEとすれば，

$$AB : AC = BD : CD = BE : CE$$

である．逆に，この等式が成り立つような BC の内分点D，外分点Eは，それぞれ，∠A，∠A の外角の二等分線と BC との交点である．

● **証明** ● 図6.28のように，BAの延長上に，AC=AC′ となる点C′ をとる．このとき，図からわかるように，AD と CC′ は平行で，それらは AE と直交する．ゆえに

AB：AC＝AB：AC′
　　　＝BD：CD

また，EA は △EC′B の ∠E を二等分するので，いま得られた等式より

BE：CE＝BE：EC′＝AB：AC′＝AB：AC．

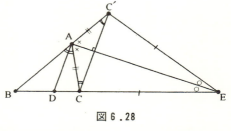

図 6.28

　逆の方は，等式が成り立つような内分点D，外分点Eがそれぞれ唯一つなことからわかる．

証明終

　さて，元の軌跡問題に戻る．k を正の定数として，

$$PA：PB＝1：k$$

となる点Pの軌跡は何か？　$k＝1$ の場合は上に述べた．いま $0<k<1$ と仮定する．（$k>1$ の場合も同様である．）いま，直線AB上に，内分点C，外分点Dを

$$AC：BC＝1：k,\ AD：BD＝1：k$$

となるようにとる．求めるべき軌跡は，CとDをとおる．Pを軌跡上の他の任意の点とすれば

$$PA：PB＝1：k＝AC：BC＝AD：BD．$$

ゆえに定理6.1より，C，Dはそれぞれ，△PABの∠Pの二等分線，∠Pの外角の二等分線とABとの交点となる（図6.29）．図よりわかるように，∠CPD は 180°の半分 90°である．ゆえに，P は CD を直径とする円周上の点である．

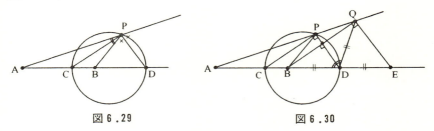

図 6.29　　　　　　　　図 6.30

　逆に，PをCDを直径とする円周上の点とするとき，PA：PB＝1：k であることを示そう．CDの延長上に，BD＝DEとなる点Eをとる．また，APの延長上に，CPとBQが平行になる点Qをとる（図6.30）．このとき

$$AD : DE = AD : BD = 1 : k = AC : CB = AP : PQ$$

ゆえに，PD と QE は平行となり．（BQ が PD に直交するので）△BQE は∠Q が直角の直角三角形となる．その外接円の中心がDなので，DQ＝DB＝DE である．DP は，二等辺三角形 △DBQ の頂点Dから対辺に下した垂線なので，頂角∠D の二等分線でもある．ゆえに △DBP と △DQP は合同になり，PQ＝PB となる．ゆえに

$$AP : BP = AP : PQ = 1 : k$$

となる．（定理 6.1 から，または直接図 6.30 からわかるように，PC，PD はそれぞれ，△PAB の∠P，∠P の外角の二等分線になる．）

こうして，次の解答がえられた．

解答（問題 6.14 の）　PA：PB＝1：k となる点Pの軌跡は，CD を直径とする円である．ここにC，D は線分 AB を，1：k に内分，外分する点である．

この円は，**アポロニウス**（B.C. 260 ? - B.C. 200 ?）**の円**とよばれている．

図 6.30 において，点Bで直線 AB に垂線を立て，円との交点をQ，Q′とすると，AQ，AQ′ は，円の接線である．それゆえ，視点を変えると次の定理がえられる．

定理 6.2

Aを頂点とする二等辺三角形 △ABC の辺 AB，AC にB，Cで接する円 Γ は，△ABC の内心 I，傍心Jをとおり，IJ を直径とする．Mを底辺 BC の中点，PをΓ上の任意の点とするとき，PI，PJ は三角形 △PAM の∠P と∠P の外角をそれぞれ二等分する（図 6.31）．

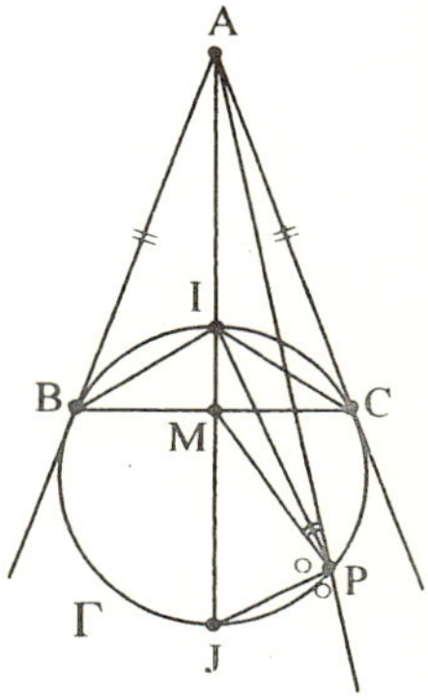

●**証明**●　AM と Γ が交わる点を I′，J′ とすると，△I′BC が二等辺三角形で，∠ACI′＝∠I′BC であることより，CI′ は∠ACM を二等分する．ゆえに I′＝I（内心）である．∠ICJ′＝90°ゆえ，CJ は △CAM の∠C の外角を二等分する．ゆえに J′＝J（傍心）である．そして定理 6.1 より

$$AI : IM = AC : CM = AJ : JM.$$

図 6.31

したがって円 Γ は，問題 6.14 について議論したように，アポロニウスの円となり，PI，PJ はそれぞれ，△PAM の∠P，∠P の外角の二等分線となる．

証明終

第6節 幾何学における諸問題

　二定点からの距離の比が一定な点の軌跡は，上述のとうり，（アポロニウスの）円である．二定点からの距離の和が一定な点の軌跡は楕円で，差が一定な点の軌跡は双曲線である（第7節参照）．それでは，二定点からの距離の積が一定な点の軌跡は何か．

　座標を用いて，求めてみる．二定点を $A=(-a, 0)$, $B=(a, 0)$ $(a>0)$ し，点 $P=(x, y)$ が条件をみたすとすると，K を正定数として，次式がなりたつ．

$$\sqrt{(x+a)^2+y^2} \cdot \sqrt{(x-a)^2+y^2} = K$$

両辺を二乗して整理すると

$$(x^2+y^2)^2 = 2a^2(x^2-y^2) + K^2 - a^4.$$

となる．逆にこの式をみたす点 $P=(x, y)$ は条件をみたす．

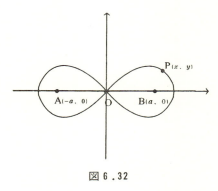

図 6.32

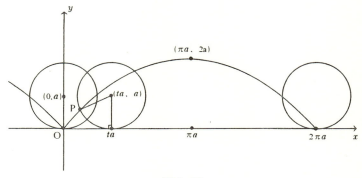

図 6.33

　この式は四次式であるため，この式をみたす点 $P=(x, y)$ の軌跡は，**四次曲線**（のひとつ）とよばれる．

　この曲線がとくに原点 $O=(0, 0)$ をとおると仮定すると

$$K = a^2$$

となり，曲線は図6.32のようになる．これは**レムニスケート（連珠形）**とよばれる曲線である．

　レムニスケートの弧長の研究から，ガウス (1777-1855) は20才 (1797年)

のとき，**楕円関数**を発見した．これは近世数学の幕開けとされる．

[問題6.15] 円が直線上をすべることなく，ころがってゆくとき，円上の定点の描く軌跡は何か．

これは，**サイクロイド**とよばれる曲線で，それは代数的な方程式で書けない（図6.33）．

この曲線を，弧度法（ラジアン）を用いた角 t をパラメーターとして，その上の点 $P=(x,y)$ の x と y を t の関数であらわしてみよう．これを**曲線のパラメーター表示**とよぶ．

図6.33において，半径 a の定円が x-軸をすべることなく，ころがってゆくものとする．円上の定点Pは，最初，原点にあるとする．原点から，点 $(ta, 0)$ までころがると，円上の定点Pは，円の中心 (ta, a) から x-軸に下ろした垂線に対し，t ラジアンの場所にある．ゆえに

$$x = at - a\sin t, \quad y = a - a\cos t$$

となる．

1696年にジャン・ベルヌイが出した「**最速降下線の問題**」は，次のようなものであった：垂直な平面上に二定点A，Bがある．Aの位置がBの位置より高い（低くない）として，質点がAからBまで，ひとつの曲線にそってすべってゆくとき，その所要時間が最短となるのは，曲線がどのような形のときか．ただし，マサツはないものとする．

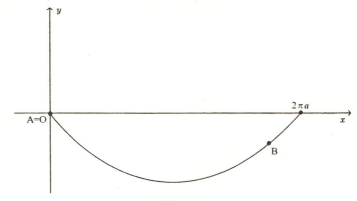

図 6.34

これに対し匿名で送られてきた見事な解答は，「サイクロイド」，すなわち，図6.33で A＝O とし，x-軸に関して折り返した曲線（ただし，Bをとおるように a が定められている）と言うものであった（図6.34）．匿名であった

が，ベルヌイは，これがニュートンからの解答であるとすぐにわかった．

6.8　計量問題

幾何学と言う言葉は中国から来ているが，その英語名 Geometry の Geo は「土地」，metry は「測量」から来ている．(ドイツ語名，フランス語名も少しスペルが違うだけで，ほとんど同じである．どれもラテン語から来ている．) その名のとおり，幾何学は土地の測量術から発展したものである．毎年のように繰り返されるナイルの川の氾濫のため，古代エジプトでは，土地の測量術が発達した．それをキチンと体系化したのが，古代ギリシャである．

それゆえ，図形の計量問題は，幾何学の最も基本的な問題であると言える．

問題 6.16　△ABC において，BC$=a$，CA$=b$，AB$=c$ とする．辺 BC 上に点 D があたえられ，BD$=u$，DC$=v$ ($u+v=a$) とするとき，AD$=x$ を，a, b, c, u, v の式であらわせ (図 6.35)．

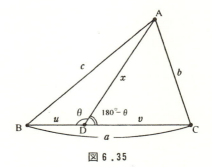

図 6.35

解答　これは次のように解くことができる．∠ADB$=\theta$ とおくと，∠ADC$=180°-\theta$ である．△DAB, △DAC に関する余弦定理より

$$\cos\theta = \frac{u^2+x^2-c^2}{2ux}$$

$$\cos(180°-\theta) = \frac{v^2+x^2-b^2}{2vx}$$

これらを辺々加えると，($\cos(180°-\theta)=-\cos\theta$ ゆえ)

$$0 = \frac{u^2+x^2-c^2}{2ux} + \frac{v^2+x^2-b^2}{2vx}$$

ゆえに

$$0 = \frac{u^2+x^2-c^2}{u} + \frac{v^2+x^2-b^2}{v}$$

ゆえに

$$0 = \left(\frac{1}{u}+\frac{1}{v}\right)x^2 + a - \frac{c^2}{u} - \frac{b^2}{v} \quad (a=u+v)$$

ゆえに

$$\frac{a}{uv}x^2 = \frac{c^2}{u} + \frac{b^2}{v} - a$$

ゆえに

$$x^2 = \frac{u}{a}b^2 + \frac{v}{a}c^2 - uv, \qquad \cdots(6)$$

$$x = \sqrt{\frac{u}{a}b^2 + \frac{v}{a}c^2 - uv}. \qquad \cdots(7)$$

この式で，u/a，v/a は長さの比である．

とくにDが BC の中点のときは，$u/a = 1/2$，$v/a = 1/2$ なので，(6)より

$$2\left(x^2 + \left(\frac{a}{2}\right)^2\right) = b^2 + c^2 \qquad \cdots(8)$$

となる．これは**パップスの定理**とよばれている．

また，AD が $\angle$A の二等分線のときは，定理6.1より，$u : v = c : b$，すなわち $cv = bu$ なので，(6)より

$$x^2 = \frac{u}{a}b^2 + \frac{v}{a}c^2 - uv = \frac{ub^2 + vc^2}{a} - uv$$

$$= \frac{(ub)\,b + (vc)\,c}{a} - uv = \frac{(vc)\,b + (ub)\,c}{a} - uv$$

$$= \frac{(v+u)\,bc}{a} - uv = \frac{abc}{a} - uv = bc - uv.$$

すなわち，この場合は

$$x^2 = bc - uv \qquad \cdots(9)$$

となる．なお，(7)は**スチュワートの公式**とよばれる（清宮 [12]）．

▌演習問題6.7 円に内接する四角形 ABCD の辺を AB$=a$，BC$=b$，CD$=c$，DA$=d$ とおくとき，(イ)対角線 AC$=x$，BD$=y$ を a，b，c，d であらわせ．(ロ)(イ)の結果を用いて，トレミーの定理：$xy = ac + bd$（§2.4 参照）をみちびけ．(ハ)関係式 $(ab + cd)x = (ad + bc)y$ を示せ．(ニ)(イ)の結果を用いて，四角形 ABCD の面積 S を a，b，c，d であらわせ．

▌演習問題6.8 $\triangle$ABC において，BC$=a$，CA$=b$，AB$=c$ とする．頂点Aから対辺 BC またはその延長上に下した垂線の足をDとする．(イ)AD$=h$，BD$=u$，DC$=v$ を a，b，c であらわせ．(ロ)(イ)の結果を用いて，三角形 $\triangle$ABC の面積 S を a，b，c であらわすヘロン公式（問題6.4 参照）を示せ．

三角形の面積は，いろいろな方法で計算されるが，とくに，座標平面にあ

って頂点の座標があたえられているときは，計算が楽である：

|問題 6.17|　座標平面に △ABC があり，頂点の座標が A＝(a_1, a_2)，B＝(b_1, b_2)，C＝(c_1, c_2) のとき，△ABC の面積 S を a_1, a_2, b_1, b_2, c_1, c_2 の式であらわせ．

解答　はじめに，A＝O（原点）の場合を考えよう．

図 6.36のように，ベクトル $\overrightarrow{OB}$ から反時計回り（数学では，これが正の回り方と，とり決めている）に回った所に，ベクトル $\overrightarrow{OC}$ があるとする．

図 6.36のように，第一象限にB，Cがある場合，図のような長方形 ODEF を考えると，

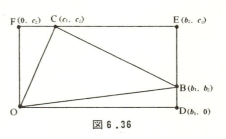

図 6.36

$$S = \triangle ABC = \square ODEF - \triangle ODB - \triangle BEC - \triangle OCF$$
$$= b_1 c_2 - \frac{1}{2} b_1 b_2 - \frac{1}{2}(b_1 - c_1)(c_2 - b_2) - \frac{1}{2} c_1 c_2$$
$$= \frac{1}{2}(b_1 c_2 - b_2 c_1)$$

となる．

OB がもっと短かくて E＝C となる場合や，OC がもっと短かくて E＝B となる場合も，同じ式がえられる．また，B，Cが他の象限にあっても同じ式がえられる．（読者は，いろいろな場合をチェックして下さい．）

ベクトル $\overrightarrow{OB}$ から時計回りに回った所に，ベクトル $\overrightarrow{OC}$ がある場合は，（(b_1, b_2) と (c_1, c_2) をとりかえることにより）

$$S = \frac{1}{2}(c_1 b_2 - c_2 b_1) = -\frac{1}{2}(b_1 c_2 - b_2 c_1)$$

こうして次の定理がえられた．

|定理 6.3|

座標平面において，原点O，点 B＝(b_1, b_2)，点 C＝(c_1, c_2) を頂点とする △OBC の面積 S は次式であたえられる．

$$S = \frac{1}{2}|b_1 c_2 - b_2 c_1| \quad (\text{絶対値})$$

頂点 A＝(a_1, a_2) が原点でない場合は，△ABC をAがOに一致するよう

に平行移動すればよい（図 6.37）．そのとき B は $B' = (b_1 - a_1, b_2 - a_2)$ に，また C は $C' = (c_1 - a_1, c_2 - a_2)$ に移る．△OB'C' と △ABC は合同なので面積がひとしい．ゆえに定理 6.3 より

$$S = \frac{1}{2} |(b_1 - a_1)(c_2 - a_2) - (b_2 - a_2)(c_1 - a_1)|$$

すなわち

$$S = \frac{1}{2} |(a_1 b_2 - a_2 b_1) + (b_1 c_2 - b_2 c_1) + (c_1 a_2 - c_2 a_1)| \qquad \cdots (10)$$

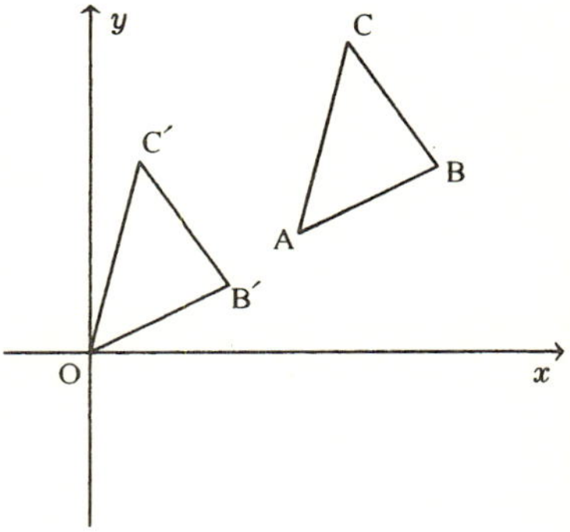

図 6.37

これを見ると，a_1，a_2，b_1，b_2，c_1，c_2 が有理数（これを，A，B，C が**有理点**と言う）ならば，面積 S も有理数となる．

平行四辺形 $\square$ABCD の面積は，三角形 △ABC の面積の 2 倍なので，a_1，a_2，b_1，b_2，c_1，c_2 が整数（これをA，B，C が**整数点**と言う）ならば，$\square$ABCD の面積も整数となる．それは $\square$ABCD に含まれる**整数点**（格子点とも言う）の数から，辺 CD，辺 DA 上にある整数点の数を引いたものに等しい．

比例関係や相似が計量に応用されることも多い．その際，次の二命題が用いられることがある：

◀**命題 6.2**▶　実数 a，b，c，d に対し $\dfrac{b}{a} = \dfrac{d}{c}$ とすると，$\dfrac{b}{a} = \dfrac{d}{c} = \dfrac{b+d}{a+c} = \dfrac{b-d}{a-c} = \dfrac{kb+\ell d}{ka+\ell c}$ がなりたつ．ここに k，ℓ は実数である．（分母は 0 にならないとする．）また，$\dfrac{c}{a} = \dfrac{d}{b}$ がなりたつ．

◀**命題 6.3**▶　図形 Γ と Δ が相似で，長さが比が $a : b$ とするならば，面積比は $a^2 : b^2$ である．

命題 6.2 の証明は，$\dfrac{b}{a} = \dfrac{d}{c} = p$ とおくと，$b = ap$，$d = cp$ となる．これらを $\dfrac{b+d}{a+c}$ などに代入すると，いずれも p に等しくなって証明される．

命題 6.3 の証明は，Γ と Δ が多角形の場合は相似な三角形に分割することにより，相似な三角形同士の場合に帰着されるが，その場合はヘロンの公

式を観察するとわかる．一般の図形の場合は，図形の面積の定義がむずかしく，キチンと述べることは出来ないが，おおよそ次のようになる：Γ と Δ に，相似な多角形を内接させる．図形と多角形のスキマに，いくつかの相似な多角形を内接させる．さらにスキマに，いくつかの相似な多角形を内接させる（図 6.38）．これをどこまでもくり返す．Γ, Δ の面積は，これら多角形の面積の無限和なので，命題がなりたつ．

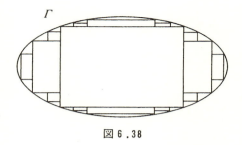

図 6.38

第 6 節　幾何学における諸問題

[問題 6.18] 四角形 ▱ABCD の辺 AB, BC, CD, DA 上に，それぞれ E, F, G, H をとり，EF//AC, FG//BD, GH//CA となるものとする（図 6.39）．(1) このとき HE//DB となり，したがって四角形 ▱EFGH は平行四辺形である．

(2) AE : EB $= s : t$ とするとき，▱ABCD の面積と，▱EFGH の面積の比を s, t であらわせ．

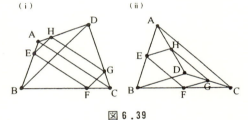

図 6.39

解答　(1)．EF//AC 等により，
$$AE : EB = CF : FB = CG : GD = AH : HD.$$
ゆえに DB//HE となり，したがって
$$EF//HG, \quad HE//GF$$
となるので，四角形 ▱EFGH は平行四辺形である．

(2)．図 6.39 の(i)のように，四角形 ▱ABCD が凸形の場合を考える．命題 6.3 より，(△ABC などをその面積と同じ記号で書いて)
$$\frac{\triangle \text{EBF}}{\triangle \text{ABC}} = \left(\frac{t}{s+t}\right)^2 = \frac{\triangle \text{HDG}}{\triangle \text{ADC}}$$
である．ゆえに命題 6.2 より
$$\left(\frac{t}{s+t}\right)^2 = \frac{\triangle \text{EBF} + \triangle \text{HDG}}{\triangle \text{ABC} + \triangle \text{ADC}} = \frac{\triangle \text{EBF} + \triangle \text{HDG}}{▱\text{ABCD}}$$
同様の論法で

$$\left(\frac{s}{s+t}\right)^2 = \frac{\triangle \text{AEH} + \triangle \text{CGF}}{\square \text{ABCD}}$$

ゆえに

$$\frac{\square \text{EFGH}}{\square \text{ABCD}} = \frac{\square \text{ABCD} - \{\triangle \text{EBF} + \triangle \text{HDG} + \triangle \text{AEH} + \triangle \text{CGF}\}}{\square \text{ABCD}}$$

$$= 1 - \frac{\triangle \text{EBF} + \triangle \text{HDG}}{\square \text{ABCD}} - \frac{\triangle \text{AEH} + \triangle \text{CGF}}{\square \text{ABCD}}$$

$$= 1 - \left(\frac{t}{s+t}\right)^2 - \left(\frac{s}{s+t}\right)^2 = \frac{(s+t)^2 - t^2 - s^2}{(s+t)^2}$$

$$= \frac{2st}{(s+t)^2}.$$

図 6.39 の (ii) のように，四角形 $\square ABCD$ が凸形でない場合は，論法を少し変えねばならないが，結果は同じである．（読者は図 6.39 の (ii) の場合に，四角形の面積比が，上と同じ式になることを確めて下さい．）

次の問題の主張は，**ピポクラテスの定理**として知られている．ピポクラテス（BC. 470 ? - 430 ?）は，医学の祖としてその名が知られている．

◀ 命題 6.19 ▶ Aを直角の頂点とする直角三角形 $\triangle \text{ABC}$ の各辺を直径とする半円を図 6.40 のように描く．このとき，図の三ケ月の形の二つの図形の面積の和が，$\triangle \text{ABC}$ の面積に等しいことを示せ．

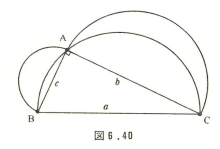

図 6.40

解答 $\text{BC} = a$，$\text{CA} = b$，$\text{AB} = c$ とおく．BC，CA，AB を直径とする半円は互いに相似である．それゆえ，その面積 S，T，U は（命題 6.3 より）

$$S : T : U = a^2 : b^2 : c^2$$

である．ゆえに，ピタゴラスの定理より

$$\frac{T+U}{S} = \frac{T}{S} + \frac{U}{S} = \frac{b^2}{a^2} + \frac{c^2}{a^2} = \frac{b^2 + c^2}{a^2} = 1$$

すなわち

$$T + U = S$$

である．この両辺から，重なり合っている共通部分の面積を引くことにより，主張が示される．

注意 この証明を見ると，S, T, U の具体的な値 ($S=\frac{1}{8}\pi a^2$ など) を知る必要がない．それゆえ，同様の主張が，(境界が辺 BC を含み A をとおるような △ABC を含む凸形の) たとえば楕円の一部のような図形と，それと相似な二つの図形との間でもなりたつ．

面積比を求めるのに，次の命題が用いられることもある．

◀命題 6.4▶ △ABC の辺 AB, AC (またはそれらの延長上に点 D, E があり，AB：AD＝$s:t$，AC：AE＝$u:v$ とするとき，△ABC：△ADE＝$su:tv$ である (図 6.41)．(△ABC などを，その面積と同じ記号で書いている．)

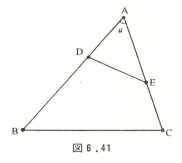

図 6.41

命題 6.4 の証明は，次のようにやればよい．∠A＝θ とおけば

$$\frac{\triangle \text{ADE}}{\triangle \text{ABC}}=\frac{\frac{1}{2}\text{AD}\cdot\text{AE}\sin\theta}{\frac{1}{2}\text{AB}\cdot\text{CD}\sin\theta}=\left(\frac{\text{AD}}{\text{AB}}\right)\left(\frac{\text{AE}}{\text{AC}}\right)=\left(\frac{t}{s}\right)\left(\frac{v}{u}\right)=\frac{tv}{su}$$

となり，示された．

▎演習問題 6.9 △ABC の辺 BC, CA, AB 上に点 D, E, F をそれぞれ，BD：DC＝2：3，CE：EA＝3：1，AF：FB＝4：1 となるようにとる．△ABC の面積を 100 とするとき，△DEF の面積はいくらか．

第2章

円錐曲線の幾何学

第7節 円錐曲線

7.1 楕円，双曲線，放物線

　楕円，双曲線，放物線を総称して，**円錐曲線**とよぶ．円錐曲線の研究の歴史は古く，ギリシャのメナイクモス（B. C. 375-B. C. 325），アポロニウス（B. C. 260?-B. C. 200?）等の研究が始まりとされている．アポロニウスは円錐曲線に関する本を著わしている．

　今回は，円錐曲線の基本性質を調べよう．高校の教科書の復習から始める．

　楕円は，平面上の2定点 F，F′ からの距離の和 PF+PF′ が一定である点 P の集合，すなわち P の**軌跡**と定義される．同様に，**双曲線**は，F，F′ からの距離の差 |PF−PF′| が一定である点 P の軌跡と定義される．どちらの場合も，F と F′ を**焦点**とよぶ．

　楕円の場合，線分 FF′ の中点 O を原点とし，$F=(c, 0)$，$F'=(-c, 0)$ $(c>0)$ とおき，PF+PF′=2a $(a>0)$ とおいて，$P=(x, y)$ の軌跡を方程式で求めると

$$\frac{x^2}{a^2}+\frac{y^2}{b^2}=1 \qquad \cdots(1)$$

となる．ここで

$$b=\sqrt{a^2-c^2}, \quad c=\sqrt{a^2-b^2} \qquad \cdots(2)$$

である．x 軸をこの楕円の**長軸**，y 軸を**短軸**とよぶ．また，楕円と x 軸，y 軸との交点をこの楕円の**頂点**とよぶ（図7.1）．

　双曲線の場合は，やはり線分 FF′ の中点 O を原点とし，$F=(c, 0)$，$F'=(-c, 0)$ $(c>0)$ とおき，|PF−PF′|=2a $(a>0)$ とおいて，$P=(x, y)$ の軌跡を方程式で求めると，

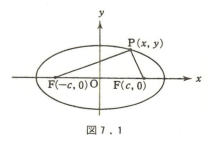

図7.1

$$\frac{x^2}{a^2}-\frac{y^2}{b^2}=1 \qquad \cdots(3)$$

となる．ここで
$$b=\sqrt{c^2-a^2},\ c=\sqrt{a^2+b^2} \qquad \cdots(4)$$

である．x 軸をこの双曲線の**主軸**とよぶ．(3)の左辺を因数分解して，
$$\left(\frac{x}{a}-\frac{y}{b}\right)\left(\frac{x}{a}+\frac{y}{b}\right)=1$$

と書き，
$$\frac{x}{a}-\frac{y}{b}=\frac{1}{\frac{x}{a}+\frac{y}{b}}$$

とおく．ここで x, y を正で十分大きくとると，右辺はいくらでも小さくなる．すなわち双曲線は，直線
$$\frac{x}{a}-\frac{y}{b}=0$$

に限りなく近づいてゆく．この直線を双曲線(3)の**漸近線**とよぶ．第3象限でも，双曲線(3)はこの直線に限りなく近づいてゆくことがわかる．同様に，第2，第4象限内では，双曲線(3)は直線
$$\frac{x}{a}+\frac{y}{b}=0$$

に限りなく近づいてゆく．こちらの直線も漸近線とよぶ．また，$A=(a, 0)$, $A'=(-a, 0)$ をこの双曲線の頂点とよぶ（図7.2）．

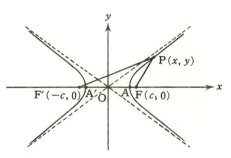

図7.2

放物線は，平面上の定点 F と，F を通らない直線 ℓ に対し，
$$PF = PQ$$
（Q は P から ℓ に下した垂線の足）をみたす点 P の軌跡と定義される．F をこの放物線の**焦点**，ℓ を**準線**とよぶ．

F から ℓ に下した垂線の足を D とし，線分 FD の中点 O を原点とし，

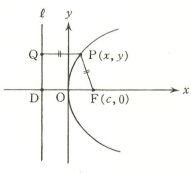

図7.3

$F=(c, 0)$, $\ell : x=-c$ とおけば,この放物線の方程式は
$$y^2 = 4cx \qquad \cdots(5)$$
となる. x軸をこの放物線の**軸**とよぶ.また,原点 O をこの放物線の**頂点**とよぶ(図7.3).

演習問題7.1 2円(または円と直線)の両方に接する円の中心の軌跡をもとめよ.(ヒント:2円の位置関係による場合分けが必要.)

(7.2) 円錐曲線の名の由来

円錐曲線とは,円錐を平面で切ったときに,切り口にあらわれる曲線のことである.じっさい,平面の位置をいろいろ変えることにより,切り口に楕円,双曲線,放物線があらわれる(図7.4).

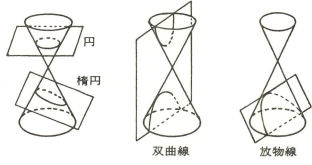

図7.4

円錐を水平面で切ると,切り口はもちろん円だが,少し傾いた平面で切ると,切り口に楕円があらわれる.(円は2焦点が一致する特別な楕円と考えられる.)さらに平面を傾け,円錐の接平面と平行な平面との切り口を考えると,それは放物線になる.さらに傾いた平面との切り口にあらわれる曲線が双曲線である.(円錐は頂点の反対側にも広がっていると考えている.)(図7.4参照).

これらのことは,よく知られていることだが,切り口の曲線が本当に楕円,双曲線,放物線になることの証明は,あまり知られていないので,以下に証明をあたえよう.

図7.5のように,円錐に内接し,平面 H に接する2つの球 S, S' を考え,H との接点をそれぞれ F, F' とする.S, S' と円錐との接点の集合は,それぞれ円 C, C' である(図7.5).

円錐のHによる切り口の曲線をEとし，PをE上の任意の点とする．Pと円錐の頂点Oを結ぶ直線POと円C，C′との交点をそれぞれQ，Q′とおくと，PQ，PQ′はそれぞれ球面S，S′への接線でもある．ゆえに，

$$PF = PQ, \quad PF' = PQ'$$

ゆえに

$$PF + PF' = PQ + PQ' = QQ' \quad (一定)$$

となる．これは曲線EがFとF′を焦点とする楕円であることを示す．

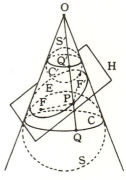

図7.5

次に，図7.6のような傾いた平面Hに接し，円錐に内接する2つの球S，S′を考え，Hとの接点をそれぞれF，F′とおく．S，S′と円錐との接点の集合は，それぞれ円C，C′である．

円錐のHによる切り口の曲線をEとし，PをE上の任意の点とする．Pと円錐の頂点Oを結ぶ直線POと円C，C′との交点をそれぞれQ，Q′とおくと，PQ，PQ′はそれぞれ球面S，S′への接線でもある．ゆえに，

$$PF = PQ, \quad PF' = PQ'.$$

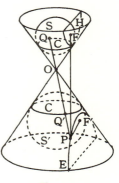

図7.6

ゆえに

$$|PF - PF'| = |PQ - PQ'| = QQ' \quad (一定)$$

となる．これは曲線EがFとF′を焦点とする双曲線であることを示す．

最後に，円錐の接平面H′と平行な平面Hを考え，Hによる円錐の切り口の曲線をEとおく．図7.7のように，円錐に内接し，Hに接する球Sを考える．

SとHとの接線をFとおく．球面Sと円錐との接点の集合は円である．これをCとおく．Cを含む平面をKとおく．Kは水平面である．KとHの交線をℓとおく．

一方，接平面H′と円錐との接点の集合は，円錐の頂点Oをとおる直線である．これをm'とおく．また，H′とKの交線をℓ'とおくと，ℓ'はℓと平行であり，ℓ'

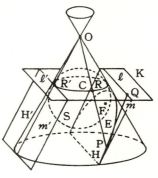

図7.7

第7節 円錐曲線

と m' は直交する．その交点を R' とおく．

さて，E 上の任意の点 P をとおり m' に平行な，H 上の直線を m とおく．(l' と m' が直交するので) l と m は直交する．その交点を Q とおく．また，OP と K の交点を R とおく．PR は球面 S への接線になる．

平行線 m, m' を含む平面上で，これらの点と直線を描くと図 7.8 のようになる．

OR=OR′ ゆえ △OR′R は二等辺三角形である．m と m' が平行なので，△PQR も二等辺三角形である．

ゆえに

$$PF = PR = PQ$$

これは曲線 E が F を焦点，l を準線とする放物線であることを示す．

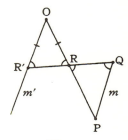

図7.8

(7.3) 楕円，双曲線の準線

高校の教科書に書かれている（上述の）楕円，双曲線の定義と放物線の定義は，少し懸け離れているように見え，そこに違和感が感じられる．実は，楕円と双曲線が放物線と似た述べ方で定義できる．以下にそのことを説明しよう．

平面上に，直線 l と l 上にない定点 F があたえられている．e を正定数とする．

平面上の点 P より l に下した垂線の足を Q とするとき

$$\frac{PF}{PQ} = e \qquad \cdots (6)$$

をみたす点 P の軌跡を考えよう．

ケース1 $e=1$ のとき．

この場合は，軌跡は放物線に他ならない．

ケース2 $e \neq 1$ のとき．

この場合は，F$=(ae, 0)$ $(a>0)$ とし，F より l に下した垂線の足を D$=(a/e, 0)$ とおく．($l : x = \dfrac{a}{e}$ である．) このようにおくと

$$\frac{|a-ae|}{|a/e-a|} = \frac{|1-e|}{|1/e-1|} = e$$

となるので，点 $(a, 0)$ はこの軌跡上の点になる．

$P=(x, y)$ が軌跡上の点であることは，条件
$$\sqrt{(x-ae)^2+y^2}=e\left|x-\frac{a}{e}\right|$$
をみたすことである．両辺を二乗すれば
$$(1-e^2)x^2+y^2=a^2(1-e^2) \qquad \cdots(7)$$
をえる．

(2—i) $0<e<1$ のとき．

このときは，(7)の両辺を $a^2(1-e^2)$ でわることにより，軌跡は楕円
$$\frac{x^2}{a^2}+\frac{y^2}{b^2}=1$$
となる．ここに
$$b=a\sqrt{1-e^2}, \quad e=\sqrt{1-\frac{b^2}{a^2}}$$

逆に，この楕円上の任意の点 P は，PF/PQ$=e$ をみたす．ここに Q は P から直線 $\ell : x=a/e$ に下した垂線の足である．

すなわち，楕円は PF/PQ$=e$ $(0<e<1)$ をみたす点 P の軌跡であるとも定義される．

直線 $\ell : x=a/e$ をこの楕円の**準線**とよぶ．

直線 $\ell' : x=-a/e$ と点 $F'=(-ae, 0)$ を用いても
$$\frac{PF'}{PQ'}=e$$

(Q$'$ は P から ℓ' に下した垂線の足) をみたすので，ℓ' もこの楕円の準線とよぶ．($F=(ae, 0)$，$F'=(-ae, 0)$ が焦点である．) (図7.9)

e をこの楕円の**離心率**とよぶ．e が小さい程円に近くなり，e が 1 に近づく程楕円は平べったくな

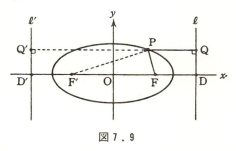

図7.9

る．e が等しい2つの楕円は相似になる．逆に相似な楕円の離心率は等しい．その理由は，e が同じことと，$\frac{b}{a}$ が同じこととが同値となるからである．

(2—ii) $e>1$ のとき．

このときは，(7)の両辺を $a^2(1-e^2)$ でわることにより，軌跡は双曲線

$$\frac{x^2}{a^2}-\frac{y^2}{b^2}=1$$

となる．ここに

$$b=a\sqrt{e^2-1},\quad e=\sqrt{1+\frac{b^2}{a^2}}$$

逆に，この双曲線上の任意の点Pは，PF/PQ=e をみたす．ここにQはPから直線 $\ell:x=a/e$ に下した垂線の足である．

すなわち，双曲線は PF/PQ=e ($e>1$) をみたす点Pの軌跡であるとも定義される．

直線 $\ell:x=a/e$ をこの双曲線の**準線**とよぶ．

直線 $\ell':x=-a/e$ と点 F'$=(-ae,\ 0)$ を用いても

$$\frac{\text{PF}'}{\text{PQ}'}=e$$

(Q' はPから ℓ' に下した垂線の足) をみたすので，ℓ' もこの双曲線の準線とよぶ．(F$=(ae,\ 0)$，F'$=(-ae,\ 0)$ が焦点である．)（図7.10）

e をこの双曲線の**離心率**とよぶ．e が等しい2つの双曲線は相似になる．逆に相似な双曲線の離心率は等しい．

ここで，§7.2の議論をもう一度ながめてみよう．円錐を切る切り口が楕円ま

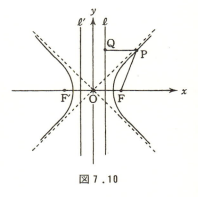

図7.10

たは双曲線である平面を，連続的に平行移動すると，切り口の曲線は相似になり，比 b/a，したがって離心率は変わらないが，a, b が連続的に変わってゆく．一方，平面の傾きの方を連続的に変えると，離心率の方が連続的に変わる．切り口が放物線である平面を連続的に平行移動すると，標準方程式で

$$y^2=4cx$$

と書いたときの c が連続的に変わってゆく．以上のことから，次のことがわかる：任意の楕円または双曲線または放物線に対し，空間内に平面を適当にとると，それによる円錐の切り口がその曲線と合同になる．ゆえに，任意の楕円または双曲線または放物線は，（この合同変換を3次元空間の合同変換に自然に拡張することにより）円錐曲線である．

楕円 (ellipse)，双曲線 (hyperbola)，放物線 (parabola) のギリシャ語

の語源は，それぞれ，不足，過剰，相等を意味しているとのことである．

演習問題 7.2 双曲線の焦点のひとつを F とし，(6)をみたす準線を ℓ とする．双曲線上の任意の点 P をとおり 1 つの漸近線に平行な直線が ℓ と交わる点を R とするとき，PF＝PR を示せ．

(7.4) 楕円の極座標表示

方程式
$$f(x, y) = 0$$
であらわされる曲線において
$$x = r\cos\theta, \quad y = r\sin\theta$$
$$\left(\text{ただし}\quad r = \sqrt{x^2+y^2},\ \tan\theta = \frac{y}{x}\right)$$
を代入して
$$f(r\cos\theta, r\sin\theta) = 0 \qquad \cdots(8)$$
とあらわしてみる（図 7.11）．

点 (x, y) が原点でない場合，r と θ は (x, y) で決まる．逆に，r, θ より (x, y) が決まる．そのため，pair (r, θ) を一種の座標と考え，これを**極座標系**とよび，(8)を曲線の**極座標表示**とよぶ．

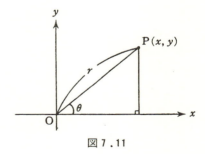

図 7.11

たとえば，楕円(1)を極座標表示すると
$$r^2\left(\frac{\cos^2\theta}{a^2} + \frac{\sin^2\theta}{b^2}\right) = 1$$
となる．

しかし，後の必要のために，楕円(1)を，焦点 $F = (ae, 0)$ を原点とするように平行移動した楕円
$$\frac{(x+ae)^2}{a^2} + \frac{y^2}{b^2} = 1 \qquad \cdots(9)$$
を極座標表示しよう．ここに $e\ (0<e<1)$ は離心率で，$b = a\sqrt{1-e^2}$ である．

(9)に $x = r\cos\theta$, $y = r\sin\theta$ を代入すると，r に関する 2 次方程式がえられ，それを解くと

$$r = \frac{-ae\cos\theta(1-e^2) \pm a(1-e^2)}{1-e^2\cos^2\theta}$$

となる．$r>0$ に注意すると

$$r = \frac{k}{1+e\cos\theta} \qquad \cdots(10)$$

がえられる．ここに $k=a(1-e^2)$ は正定数である．

(10)が（焦点のひとつを原点とする）楕円の極座標表示である．（逆に(10)を (x, y) 座標に書き直すと(9)がえられる．）

7.5 ケプラーの法則

科学史上，もっとも偉大な発見のなかに，ケプラーの法則とニュートンの万有引力の法則がある．

ケプラーの法則 惑星は太陽を1焦点とする楕円軌道を描く．

いま，ケプラーの法則を万有引力の法則から導いてみよう．（ただし，計算の細部は省く．）

惑星の運動を質点の（平面）運動と考え，それを

$$x=x(t), \quad y=y(t)$$

（t は時間）とあらわす．ここに，座標の原点は太陽とする．

万有引力の法則による運動方程式は

$$\frac{d^2x}{dt^2} = -\frac{Kx}{r^3}, \quad \frac{d^2y}{dt^2} = -\frac{Ky}{r^3} \qquad \cdots(11)$$

（$r=\sqrt{x^2+y^2}$，K は正定数）と書ける．

(11)の第1次式に y をかけ，第2式に x をかけて辺々引くと

$$x\frac{d^2y}{dt^2} - y\frac{d^2x}{dt^2} = 0.$$

ゆえに

$$\frac{d}{dt}\left(x\frac{dy}{dt} - y\frac{dx}{dt}\right) = 0.$$

ゆえに

$$x\frac{dy}{dt} - y\frac{dx}{dt} = C \quad (\text{定数})$$

この式を極座標系 (r, θ) で書くと次のようになる：

$$r(t)^2 \frac{d\theta}{dt} = C \qquad \cdots(12)$$

再び(11)の第1式，第2式にそれぞれ $\dfrac{dx}{dt}$，$\dfrac{dy}{dt}$ をかけて辺々加えると

$$\frac{1}{2}\frac{d}{dt}\left\{\left(\frac{dx}{dt}\right)^2+\left(\frac{dy}{dt}\right)^2\right\}=\frac{d}{dt}\left(\frac{K}{r}\right)$$

すなわち

$$\left(\frac{dx}{dt}\right)^2+\left(\frac{dy}{dt}\right)^2-\frac{2K}{r}=C' \quad \text{(定数)} \qquad \cdots(13)$$

がえられる．これは運動エネルギーと（無限遠を基準とする）位置エネルギーの和が一定なことを示す式である．(13)を極座標系であらわすと

$$\left(\frac{dr}{dt}\right)^2+r^2\left(\frac{d\theta}{dt}\right)^2-\frac{2K}{r}=C' \qquad \cdots(14)$$

となる．いま
$$s=\frac{1}{r}$$

とおくと，(12)を用いることにより(14)は

$$C^2\left(\frac{ds}{d\theta}\right)^2+C^2s^2-2Ks=C'$$

と書ける．これはまた次のように書ける：

$$\frac{ds}{\sqrt{D^2-\left(\dfrac{K}{C^2}-s\right)^2}}=d\theta \quad \left(D=\frac{\sqrt{C'C^2+K^2}}{C^2}\right)$$

この式の両辺を積分すると次式がえられる：

$$\frac{K}{C^2}-s=D\cos(\theta+\theta_0)$$

（θ_0 は定数）．座標軸を回転することにより，$\theta_0=\pi$ とおいてよい．こうすると

$$\frac{K}{C^2}-s=-D\cos\theta$$

ゆえに

$$r=\frac{A}{1+e\cos\theta} \quad \left(A=\frac{C^2}{K},\ e=\frac{DC^2}{K}\right)$$

惑星はつねに有限の位置で動くので $0<e<1$ となり，この式は，(10)より，惑星の軌道が，太陽を焦点とする楕円であることを示す．

第8節 二次曲線

(8.1) 円錐曲線は二次曲線

前節で説明したように，円錐をさまざまな方向で切ると，切り口に楕円，双曲線，放物線が生ずる（図8.1）．これらを総称して円錐曲線とよぶ．

楕円，双曲線，放物線はそれぞれ，方程式で次のように表される：

$$\frac{x^2}{a^2}+\frac{y^2}{b^2}-1=0,$$

図8.1

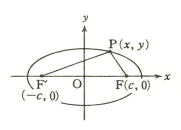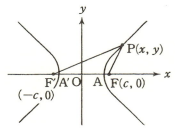

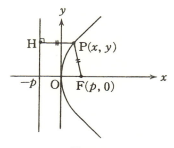

図8.2

$$\frac{x^2}{a^2} - \frac{y^2}{b^2} - 1 = 0,$$
$$y^2 - 4px = 0 \qquad \cdots(1)$$

(a, b, p は正定数)（図8.2）．図8.2において，F，F′ は**焦点**である．楕円，双曲線の場合はそれぞれ PF+PF′，|PF−PF′|が一定となる点Pの軌跡と定義され，放物線の場合は PF=PH（H はPから**準線**：$x = -p$ に下した垂線の足）となる点Pの軌跡と定義される．それらは座標系を適当にとると，(1)の方程式で表されるのである．

さて(1)の方程式はいずれも
$$\text{二次式} = 0 \qquad \cdots(2)$$
の形をしている．一般に(2)の形の方程式で表される曲線を**二次曲線**とよぶ．円錐曲線は二次曲線である．

注意 $x^2 + y^2 + 1 = 0$, $\quad x^2 + y^2 = 0$
のような方程式で表される集合は空集合または1点となり曲線にならない．このような方程式は考えないことにしよう．（虚数を考えるように「虚曲線」を考えることができて，じつはその方がより数学的に自然なのだが，ここでは「実曲線」のみを考えよう．）

しからば逆に，二次曲線は円錐曲線か．答は「ほぼ」YESである．「ほぼ」とは，例外が少しあるという意味である．例外は(2)の左辺が一次式の積に因数分解されるときに起きる：
$$(\text{一次式}) \times (\text{一次式}) = 0$$
この場合，曲線は2直線の和集合を表す．（ただし両方の一次式が同じ直線を表すときは，二重になった直線を表す．）（図8.3）
一次式の積に因数分解されない二次式を**既約二次式**とよぶ．

図8.3

定理 8.1

既約二次式＝0で表される二次曲線は円錐曲線である．

証明 二次曲線は
$$ax^2 + 2hxy + by^2 + 2gx + 2fy + c = 0 \qquad \cdots(3)$$
(a, b, c, f, g, h は定数) と書ける．

この曲線を平行移動する．すなわち x の代わりに $x+\lambda$, y の代わりに $y+\mu$ とおきかえると，方程式(3)は

$$ax^2+2hxy+by^2+2\hat{g}x+2\hat{f}y+\hat{c}=0 \qquad \cdots(4)$$

にかわる．ここに

$\hat{g}=a\lambda+h\mu+g,$
$\hat{f}=h\lambda+b\mu+f,$
$\hat{c}=a\lambda^2+2h\lambda\mu+b\mu^2+2g\lambda+2f\mu+c.$

(4)において $\hat{g}=0$, $\hat{f}=0$ とできれば，方程式(4)は1次の項がなくなり

$$ax^2+2hxy+by^2+\hat{c}=0 \qquad \cdots(5)$$

となる．そこで λ, μ に関する連立方程式

$$\left.\begin{array}{r}a\lambda+h\mu+g=0\\h\lambda+b\mu+f=0\end{array}\right\} \qquad \cdots(6)$$

を解くことを考えよう．

ケース1　$ab-h^2\neq 0$ の場合

この場合，連立方程式(6)は唯一の解

$$\lambda=\frac{fh-bg}{ab-h^2}, \quad \mu=\frac{gh-af}{ab-h^2}$$

をもち，これらの λ, μ を用いると方程式(4)は(5)の形になる．

次に，(5)で表される曲線を回転させる．すなわち x, y をそれぞれ

$$x\cos\theta-y\sin\theta, \quad x\sin\theta+y\cos\theta \qquad \cdots(7)$$

でおきかえる．θ は回転角をあらわす．そうすると方程式(5)は次の形にかわる：

$$\hat{a}x^2+2\hat{h}xy+\hat{b}y^2+\hat{c}=0 \qquad \cdots(8)$$

ここに
$$\left.\begin{array}{l}\hat{a}=a\cos^2\theta+2h\sin\theta\cos\theta+b\sin^2\theta\\\hat{h}=-(a-b)\sin\theta\cos\theta+h\cos 2\theta\\\hat{b}=a\sin^2\theta-2h\sin\theta\cos\theta+b\cos^2\theta\end{array}\right\} \qquad \cdots(9)$$

(8)において $\hat{h}=0$ とできれば，方程式(8)は

$$\hat{a}x^2+\hat{b}y^2+\hat{c}=0 \qquad \cdots(10)$$

となる．そしてこの方程式(10)は

$$\frac{x^2}{p^2}+\frac{y^2}{q^2}-1=0 \quad \text{または} \quad \frac{x^2}{p^2}-\frac{y^2}{q^2}-1=0$$

の形に書きかえられ，楕円（$\hat{c}/\hat{a}$, $\hat{c}/\hat{b}$ が共に負のときは $p=\sqrt{-\hat{c}/\hat{a}}$, $q=\sqrt{-\hat{c}/\hat{b}}$）か，双曲線（$\hat{c}/\hat{a}$ が負，$\hat{c}/\hat{b}$ が正のときは $p=\sqrt{-\hat{c}/\hat{a}}$,

$q = \sqrt{\hat{c}/\hat{b}}$ ）を表す．そこで θ に関する方程式

$$- (a-b)\sin\theta\cos\theta + h\cos2\theta = 0$$

を解くことを考えよう．これは

$$\tan2\theta = \frac{2h}{a-b} \qquad \cdots(11)$$

と書け，$0 \leq \theta \leq 90°$ の範囲で唯一の解をもつ．このような θ を用いて回転すれば，方程式(8)は(10)の形となり，曲線は楕円か双曲線になる．

ケース2 $ab - h^2 = 0$ の場合

この場合，(3)に戻って考える．(3)の曲線に(7)の回転を行うと

$$\hat{a}x^2 + 2\hat{h}xy + \hat{b}y^2 + 2\hat{g}x + 2\hat{f}y + \hat{c} = 0 \qquad \cdots(12)$$

となる．ここに $\hat{a}$, $\hat{h}$, $\hat{b}$ は(9)と同じ式で与えられる．この時計算によって

$$\hat{a}\hat{b} - \hat{h}^2 = ab - h^2 = 0 \qquad \cdots(13)$$

とわかる．さて，角 θ を(11)を充たすようにとれば，ケース1と同様に $\hat{h} = 0$ となり，(12)は

$$\hat{a}x^2 + \hat{b}y^2 + 2\hat{g}x + 2\hat{f}y + \hat{c} = 0 \qquad \cdots(14)$$

と書ける．しかも(13)より $\hat{a}\hat{b} = 0$ だが，同時に $\hat{a} = \hat{b} = 0$ とはならない．（なぜなら，$\hat{a} = \hat{b} = 0$ なら(14)は一次式になり，もとの(3)も一次式になってしまう．）

以下，$\hat{a} = 0$ と仮定しよう．（$\hat{b} = 0$ のときは，さらに90°回転する．）このとき(14)は

$$\hat{b}y^2 + 2\hat{g}x + 2\hat{f}y + \hat{c} = 0 \qquad \cdots(15)$$

と書ける．(15)で $\hat{g} \neq 0$ である．（なぜなら，$\hat{g} = 0$ なら(15)は x 軸に平行な2直線をあらわす．）

(15)の曲線を平行移動する：

$$x \text{ を } x + \frac{\hat{f}^2 - \hat{b}\hat{c}}{2\hat{b}\hat{g}} \text{ に，} y \text{ を } y - \frac{\hat{f}}{\hat{b}} \text{ にかえる．}$$

こうすると(15)は

$$y^2 = 4px \qquad \left(p = -\frac{\hat{g}}{2\hat{b}}\right)$$

にかわる．これは放物線を表す．（$p < 0$ のときは180°回転すれば $p > 0$ ととれる．）

以上で定理1が証明された．

証明終

既約二次式の零点集合を **既約二次曲線** とよぶ．

定理 8.1 は, 既約二次曲線が図 8.4 のような, 一般に軸のかたむいた円錐曲線であることを示している.

簡単な形の方程式(1)でなく, 複雑な形の方程式(3)を用いざるを得ない場合がある. それは, 平面上 2 個以上の円錐曲線を考え, その位置関係などを代数的に論ずる場合である.

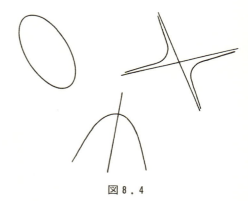

図 8.4

なお, 定理 8.1 (の証明) を応用すると, 円錐のいろいろな平面による切り口が, 楕円, 双曲線, 放物線または 2 直線であることを示すことができる (前節で証明したが, その別証):円錐を方程式

$$z^2 - k(x^2 + y^2) = 0 \quad (k \text{ は正定数})$$

で表し, これを切る平面の方程式を

$$P : ax + by + cz + d = 0$$

で表す. 切り口の曲線の方程式は, これら 2 方程式を連立させて z を消去すれば, (x, y) に関する二次式 $F(x, y)$ を用いて $F(x, y) = 0$ となる. ただし (x, y) は空間における直交座標 (x, y, z) の (x, y) 部分である. 平面 P 上の直交座標 (u, v) を考えると, P 上で

$$x = p_1 u + q_1 v + r_1$$
$$y = p_2 u + q_2 v + r_2$$

($p_1, q_1, r_1, p_2, q_2, r_2$ は定数, $p_1 q_2 - p_2 q_1 \neq 0$) と書ける. これを代入して

$$F(p_1 u + q_1 v + r_1, p_2 u + q_2 v + r_2) = 0$$

と書くと, これは (u, v) に関する二次式 $= 0$ の形で, 二次曲線となり, 定理 8.1 (の証明) より, 切り口は楕円, 双曲線, 放物線または 2 直線となる.

8.2　円錐曲線の接線

円錐曲線と直線との交点の数 (**交点数**) は, 2 または 1 または 0 である. このことは図 8.2 の楕円, 双曲線, 放物線のそれぞれと直線との交点数を, 直線をいろいろ動かして数えてみれば, 直観的にあきらかである.

このことはしかし, 円錐曲線が二次曲線であることよりも導かれる. じっ

さい，二次曲線の方程式が(3)であたえられているとして，直線
$$px+qy+r=0 \qquad \cdots(16)$$
との交点を求めるには，(16)からyを求め(3)に代入してxの二次方程式とし，その解をもとめ，再び(16)より対応するyを求めればよい．xの二次方程式が2実解をもつときは交点数は2で，虚解のときは交点がなく，重解のときは交点数は1である．

円錐曲線と直線との交点数が1のとき，その直線をこの円錐曲線の**接線**とよび，交点を**接点**とよぶ．（割線の2交点が極限で一致したとき接線と定義すべきだが，ここでは簡単のため，このように定義しておく．）

高校の教科書にあるように，$P_0=(x_0, y_0)$が(1)の円錐曲線上にあるときは，P_0をとおる接線の方程式は，それぞれ次であたえられる：

$\dfrac{x_0 x}{a^2}+\dfrac{y_0 y}{b^2}-1=0$ （楕円のとき）$\cdots$(17)

$\dfrac{x_0 x}{a^2}-\dfrac{y_0 y}{b^2}-1=0$ （双曲線のとき）$\cdots$(18)

$2p(x+x_0)-y_0 y=0$ （放物線のとき）$\cdots$(19)

（図8.5）．

円錐曲線の方程式が(1)の形でなく(3)の一般形をしているとき，$P_0=(x_0, y_0)$がこの円錐曲線上にあるならば，P_0をとおる接線の方程式は次式で与えられることが，計算によって示される：

$ax_0 x+(hx_0 y+hy_0 x)+by_0 y$
$\qquad +(gx+gx_0)+(fy+fy_0)+c=0 \quad \cdots$(20)

(17)，(18)，(19)は(20)の特別な場合になっている．

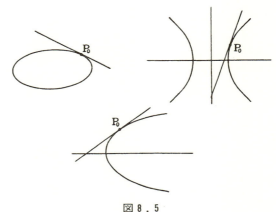

図8.5

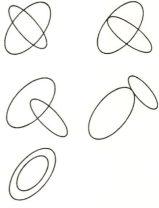

図8.6

なお，2つの円錐曲線の交点数は，4，3，2，1，0のいずれかである（図8.6）．3か1のときは，両曲線が**接している**ときである．2つの円錐曲線が共に(3)のような二次式＝0の形であたえられているとき，それらを連立させてyを消去すると，xの四次方程式がえられ，実数の解が4個以下だからである．（yを消去するには，終結式というものを用いるのだが，ここではその説明は省略する．）

定理8.2

楕円または双曲線上の任意の点Pと2焦点F，F′を結ぶ直線PF，PF′は，Pでの接線Lと等角をなす（図8.7）．

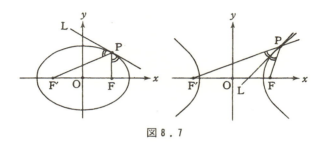

図8.7

●**証明**● （双曲線の場合も証明はほぼ同様なので）楕円の場合だけを証明する．証明は計算でできるが，ここでは図形の性質を用いて行う．

定理を証明するためには，（反対に）PF，PF′と等角をなす直線Lが接線であることを示せばよい．

FからLに下した垂線とPF′の延長との交点をF″とおく（図8.8）．また垂線の足をDとおく．等角の条件より

$$\triangle \mathrm{PFD} \equiv \triangle \mathrm{PF''D}$$

（二角夾辺）である．したがってPF＝PF″となり

$$\mathrm{PF}+\mathrm{PF'}=\mathrm{F'P}+\mathrm{PF''}=\mathrm{F'F''}$$

図8.8

いま，L上にP以外の任意の点Qをとると，同様の議論でQF＝QF″となり

$$\mathrm{QF}+\mathrm{QF'}=\mathrm{QF'}+\mathrm{QF''}>\mathrm{F'F''}=\mathrm{PF}+\mathrm{PF'}$$

となるので，Qは楕円の外にある．したがってLは楕円とP1点のみで交わり，Pでの接線である．

証明終

この定理 2 は，楕円の内側が鏡になっているとき，1 焦点に光源をおくと，そこから発した光は他の焦点に集まることを示す（図 8.9）．

放物線の場合に，定理 8.2 に対応する定理が次の定理 3 である．放物線 $y^2=4px$ の**軸**とは，放物線の対称軸である x 軸のことである．

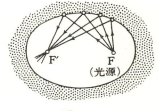

図 8.9

定理 8.3

放物線上の任意の点 P をとおり，軸に平行な直線と PF（F は焦点）は，P での接線 L と等角をなす（図 8.10）．

証明は計算でもできるし，定理 8.2 と同様の方法でもできる．読者自ら試みて下さい．

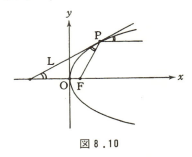

図 8.10

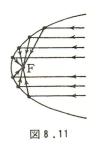

図 8.11

放物線をその軸のまわりに回転してできる曲面を**回転放物面**とよぶ．回転放物面を用いて遠い宇宙からの電波を焦点に集めるのが，パラボラアンテナである（図 8.11）．

演習問題 8.1 放物線外の点 P から放物線に 2 本の接線をひき，接点を Q, R とする．P をとおり軸に平行な線が QR と交わる点を S とし，放物線との交点を T とするとき，次を示せ：(1) S は線分 QR の中点である．(2) T は線分 PS の中点である．(3) T における放物線の接線は QR と平行である．（図 8.12）

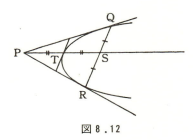

図 8.12

（**アルキメデス**（B.C.257?–B.C.512）は，これらの性質を利用して，放

物線と QR で囲まれた部分の面積が三角形△QRT の面積の $\frac{4}{3}$ 倍であることを示した.）

8.3　極と極線

　円錐曲線 C 上の点 $P_0 = (x_0, y_0)$ での接線の方程式は，(17), (18), (19) または (20)であたえられる．

　それでは P_0 が C 上にないとき，直線(17), (18), (19)または(20)はどんな直線を表すであろうか．

　答は，「P_0 から C に 2 本の接線をひき，それらの接点 Q と R を結ぶ直線 QR」である（図 8.13）．

　なぜなら，$Q = (u, v)$, $R = (s, t)$ とおき，C を楕円

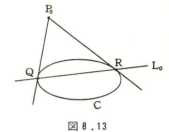

図 8.13

$$\frac{x^2}{a^2} + \frac{y^2}{b^2} = 1$$

とすると，P_0Q, P_0R はそれぞれ

$$\frac{ux}{a^2} + \frac{vx}{b^2} = 1, \quad \frac{sx}{a^2} + \frac{tx}{b^2} = 1$$

であたえられる．これらが P_0 をとおることより

$$\frac{ux_0}{a^2} + \frac{vy_0}{b^2} = 1, \quad \frac{sx_0}{a^2} + \frac{ty_0}{b^2} = 1$$

となる．これら 2 式は，点 $Q = (u, v)$, $R = (s, t)$ が直線

$$\frac{x_0 x}{a^2} + \frac{y_0 x}{b^2} = 1$$

上にあることを示す．したがってこの直線は QR に他ならない．

　C が双曲線，放物線のときも証明は同様である．

　ただし，P_0 の位置によっては，P_0 をとおる C の接線が引けないときがある．たとえば P_0 が楕円の内部にあるとき，そのような接線がひけない．（虚数を考えるように「虚接線」を考えることができて，その「虚接点」Q, R を結ぶ QR がその直線となるのだが，ここでは「実接線」のみを考えよう．）しかし，その場合でも直線(17), (18), (19)または(20)を考えることができる．

円錐曲線があたえられているとき，点 $P_0 = (x_0, y_0)$ に対し，(17), (18), (19)または(20)であたえられる直線 L_0 を，P_0 の**極線**とよぶ．逆に(17), (18), (19)または(20)の形の直線 L_0 に対し，点 $P_0 = (x_0, y_0)$ をその**極**とよぶ．P_0 が円錐曲線上にあるときは，極線は接線に他ならない．

定理 8.4

円錐曲線 C があたえられている．$P_0 = (x_0, y_0)$ の極線 L_0 上の任意の点 $S_0 = (w_0, z_0)$ の極線は P_0 をとおる（図 8.14）．

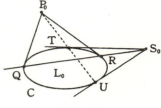

図 8.14

証明 C を楕円

$$\frac{x^2}{a^2} + \frac{y^2}{b^2} = 1$$

とする．$P_0 = (x_0, y_0)$ の極線 L_0 は

$$L_0 : \frac{x_0 x}{a^2} + \frac{y_0 y}{b^2} = 1$$

であたえられる．$S_0 = (w_0, z_0)$ が L_0 上にあるから，関係式

$$\frac{x_0 w_0}{a^2} + \frac{y_0 z_0}{b^2} = 1$$

がなりたつ．したがって $P_0 = (x_0, y_0)$ は，S_0 の極線

$$\frac{w_0 x}{a^2} + \frac{z_0 y}{b^2} = 1$$

上にある．

C が双曲線，放物線のときも，証明は同様である．

証明終

定理 8.4 の証明は，幾何学に対する代数的方法の強力さを示すものである．図 8.14 を用いて，直接 P_0, T, U が一直線上にあることを示すのは，なかなかむずかしい．ただし，C が円の場合は次のように示すことができる：『円 C 外の点 P から 2 接線をひき，接点を Q, R とする．直線 QR 上，円 C 外の点 S から C に 2 接線をひき，接点を T, U とする．この時直線 TU は P をとおる（図 8.15）．』

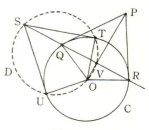

図 8.15

● **証明** ● 円 C の中心を O とし，QR と OP （互いに直交）の交点を V とおく．$\triangle OPQ$ は

直角三角形で，その直角の頂点 Q から斜辺に下した垂線の足が V なので
$$PQ^2 = PV \cdot PO \qquad \cdots (21)$$
がなりたつ．
次に
$$\angle OVS = \angle OTS = \angle OUS = 90°$$
なので，5点 O, V, T, S, U は同一円周上にある．この円を D とおく．
円 C と D の交点は T と U である．

さて，P, T, U が一直線上にあることを示すには，直線 PT が円 C, 円 D と再び交わる点をそれぞれ U′, U″ とするとき
$$U' = U'' = U$$
であることを示せばよい．

円 C, 円 D に関する方巾の定理より，それぞれ
$$PQ^2 = PT \cdot PU' \qquad \cdots (22)$$
$$PV \cdot PO = PT \cdot PU'' \qquad \cdots (23)$$
がえられる．

(21), (22), (23) より
$$PU' = PU'' \quad \therefore \quad U' = U''$$
となる．U′ と U″ が一致するので，この点は円 C と円 D の交点 U でなければならない．

証明終

最後に，次の定理を証明ぬきで述べる．（証明は定理 8.1 の証明における議論を用いて，計算でできる．）

定理 8.5

方程式 (3) であたえられる二次曲線が既約であるための必要十分条件は
$$\begin{vmatrix} a & h & g \\ h & b & f \\ g & f & c \end{vmatrix} \neq 0$$
である．

第 9 節 パスカルの定理

9.1 パスカル16才の発見

「人間は考える葦である」との言葉を残した哲学者パスカル（1623-1662）は，16才のある夜，机の前で長時間考え，考え疲れてウトウトと居眠りしていた．ガタンと前のめりになって机上のランプがパッと消えた．その瞬間，彼の頭脳がパッと輝いた．

パスカルの定理が生まれた時のエピソードを，数学史はこのように伝えている．

定理 9.1 （パスカルの定理）

円錐曲線に内接する六角形の三組の対辺の交点は一直線上にある（図9.1）．

円錐曲線とは，楕円，双曲線，放物線の総称である．（円は楕円の特別な場合と考えている．）

六角形のことを（角を問題にしていないときは）六辺形ともよぶ．この定理でも，六角形の代わりに六辺形と表現されることがある．

円錐曲線に内接する六辺形と定理にいう場合，辺が交叉しているような，拡張された意味の「六辺形」でも定理は成り立つ（図9.2）．

この定理は非常に美しい定理である．しかし美しいだけでなく，（後世に確立された用語である）「射影幾何学」における円錐曲線論の基本定理でもある重要な定理である．

パスカルはこの定理とその系を中心においた「円錐曲線のエッセイ」という本を16才で著した．彼の天才はこのように，初めに数学研究において

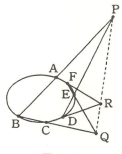

図 9.1

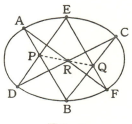

図 9.2

あらわれた．18才で「パスカルの計算機」と呼ばれる計算機を発明した．（後にライプニッツにより改良された．）その後，フェルマー（1601-1665）やデカルト（1596-1650）と交際し，研究は解析幾何学や物理学に転じた．音の理論，液体の圧力に関するパスカルの原理，パスカルの三角形，数学的帰納法の考案，確率論の創始者として名が残っている．晩年は寺院に隠棲し，「パンセ」を著して39才で没した．

⑨.2　円の場合の定理の証明

はじめに，円の場合に定理を証明する．後で説明するように，この場合に定理が成り立てば，一般の円錐曲線の場合は，この特別の場合から自然に導かれるのである．パスカル自身もこのように考えて，まず円の場合を証明している．以下に述べる証明は，パスカル自身の考案で，ランプが倒れた瞬間にひらめいたとされるものである：

描きやすいので，交叉する六辺形 ABCDEF を円 O に内接させる（図9.3）．（以下の証明は，交叉してない普通の六辺形でも，全く同様である．）

対辺 AB と DE の交点を P，BC と EF の交点を Q，CD と AF の交点を R とおき，P，Q，R が一直線上にあることを証明する．

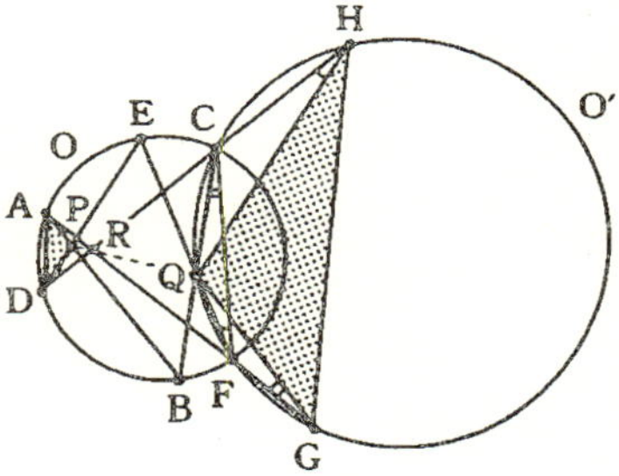

3点 C，F，Q をとおる円 O′ を考える．（補助線ならぬ補助円！）AF，DC が再び円 O′ と交わる点をそれぞれ G，H とおく．円 O，円 O′ に関する円周角の定理から

$\angle BAF = \angle BCF = \angle QGF$ ∴ AB∥QG（平行）

$\angle EDC = \angle EFC = \angle QHC$ ∴ DE∥QH（平行）

$\angle DAB = \angle DCQ = \angle QGH$,

$\angle ADE = \angle AFE = \angle QHG$.

図 9.3

以上により，三角形 △ADP と △GHQ は，対応する辺がそれぞれ平行な，相似三角形になる．その相似の中心は対応する頂点を結ぶ直線の交点，つまり AG と DH の交点 R でもある．もう一組の対応する頂点 P，Q を結ぶ直線 PQ も，相似の中心 R をとおる．ゆえに，P，Q，R は一直線上にある．

9.3　円の場合の他の証明

円の場合のパスカルの定理には，他にも証明法がある．それらを紹介しよう．

●**第2証明**●　やはり，ABとDEの交点をP，BCとEFの交点をQ，CDとAFの交点をRとし，PQがRをとおることを示す．

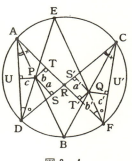

図9.4

Pから△RDAの各辺に垂線を下ろし，足をそれぞれS，T，Uとし，垂線の長さをそれぞれa，b，cとする．また，Qから△RCFの各辺に垂線を下ろし，足をそれぞれS′，T′，U′とし，垂線の長さをそれぞれa'，b'，c'とする（図9.4）．円周角の定理より

$$\angle ADE = \angle AFE, \quad \angle EDC = \angle EFC,$$
$$\angle DAB = \angle DCB, \quad \angle BAF = \angle BCF$$

が成り立つので，例えば図9.4の直角三角形△PDUと△QFT′は相似になる．他の直角三角形同士の相似も考慮に入れると，

$$\frac{c}{b'} = \frac{PD}{QF} = \frac{a}{c'}, \quad \frac{c}{a'} = \frac{PA}{QC} = \frac{b}{c'}$$

$$\therefore \quad ab' = cc' = a'b. \quad \therefore \quad \frac{a'}{a} = \frac{b'}{b}.$$

この最後の比例式は，PS∥QS′，PT∥QT′に注意すると，PQがRをとおることを示す．

じっさい，いまPQがSS′とR′で交わり，PQがTT′とR″で交われば

$$\frac{R'Q}{PR'} = \frac{a'}{a} = \frac{b'}{b} = \frac{R''Q}{PR''}$$

なので，R′＝R″となって，この点はRと一致する．すなわちPQはRをとおる．

●**第3証明**●　第3証明には，次のメネラウス（A.D. 100年頃）の定理とその逆定理を用いる：

定理9.2（メネラウスの定理とその逆定理）────────

直線ℓが△ABCの辺またはその延長とそれぞれP，Q，Rで交われば

$$\frac{PB}{AP} \cdot \frac{QC}{BQ} \cdot \frac{RA}{CR} = -1 \quad \cdots (1)$$

が成り立つ．ただし，線分 AB を P が外分するときは（内分点と区別するため）PB/AP は負数とする，等と約束しておく．

逆に △ABC の辺またはその延長上の点 P，Q，R に対し(1)が成り立てば，P，Q，R は一直線上にある．

メネラウスの定理は次のように示される：C から AB に平行線を引き，ℓ との交点を S とすると，比例関係により

$$\frac{QC}{BQ} = -\frac{CS}{BP}, \quad \frac{RA}{CR} = \frac{AP}{CS}$$

$$\therefore \frac{PB}{AP} \cdot \frac{QC}{BQ} \cdot \frac{RA}{CR} = \frac{PB}{AP} \cdot \left(-\frac{CS}{BP}\right) \cdot \left(\frac{AP}{CS}\right) = -1$$

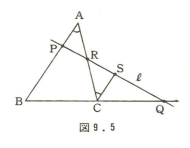

図 9.5

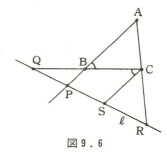

図 9.6

（図 9.5 参照．図 9.6 の場合はプラスマイナスが変わるが結果は同じである．）

逆の方は次のように示される：

$$\frac{PB}{AP} \cdot \frac{QC}{BQ} \cdot \frac{RA}{CR} = -1$$

とする．PQ が AC と交わる点を R' とおけば

$$\frac{PB}{AP} \cdot \frac{QC}{BQ} \cdot \frac{R'A}{CR'} = -1$$

なので

$$\frac{R'A}{CR'} = \frac{RA}{CR}$$

これより R=R' となり，P，Q，R は一直線上にある．

さて，メネラウスの定理を用いて，パスカルの定理の第 3 証明を与えよう．図 9.7 において，前と同様に AB と DE の交点を P，BC と EF の交点を Q，CD と AF の交点を R とおく．さらに AB と CD の交点を S，AB と EF の交点を T，CD と EF の交点を U とおく．

△STU に関するメネラウスの定理を用いる：

直線 BC で切れば

$$\frac{BT}{SB}\cdot\frac{QU}{TQ}\cdot\frac{CS}{UC}=-1 \qquad \cdots(2)$$

直線 DE で切れば

$$\frac{PT}{SP}\cdot\frac{EU}{TE}\cdot\frac{DS}{UD}=-1 \qquad \cdots(3)$$

直線 AF で切ると

$$\frac{AT}{SA}\cdot\frac{FU}{TF}\cdot\frac{RS}{UR}=-1 \qquad \cdots(4)$$

(2), (3), (4)を辺々かけると

$$\left(\frac{PT}{SP}\cdot\frac{QU}{TQ}\cdot\frac{RS}{UR}\right)\cdot\left(\frac{TA\cdot TB}{TF\cdot TE}\right)$$

$$\left(\frac{SD\cdot SC}{SA\cdot SB}\right)\left(\frac{UF\cdot UE}{UD\cdot UC}\right)=-1$$

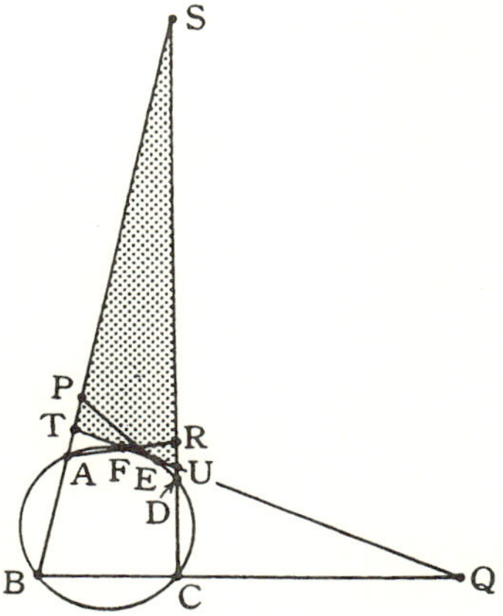

図 9.7

この式の第2，第3，第4カッコは，円に
おける方巾の定理によって，いずれも1に等しい．ゆえに

$$\frac{PT}{SP}\cdot\frac{QU}{TQ}\cdot\frac{RS}{UR}=-1.$$

したがって，△STU に関するメネラウスの定理の逆により，P，Q，R は一
直線上にある．

(9.4) 円の場合への帰着

　一般の円錐曲線の場合のパスカルの定理の証明は，円の場合に帰着される．
それは次のように考えてなされる：

　円錐曲線は円錐をいろいろな平面で切った切り口の
曲線としてあらわれる（図 9.8）．いま，その見方を
変えて，円錐の頂点 O が光源になっていて，光が平
面上に描かれた図形を他の平面の図形に（あたかも影
を写すように）写すことを考える（図 9.9）．すなわ
ち O をとおらない2平面 U と U′ に対し，**射影**（ま
たは**配影**）とよばれる写像

$$f:U\longrightarrow U', \quad f(P)=P'$$

を考える．ここに P は U の点，P′ は U′ の点で，O，
P，P′ は一直線上にある．

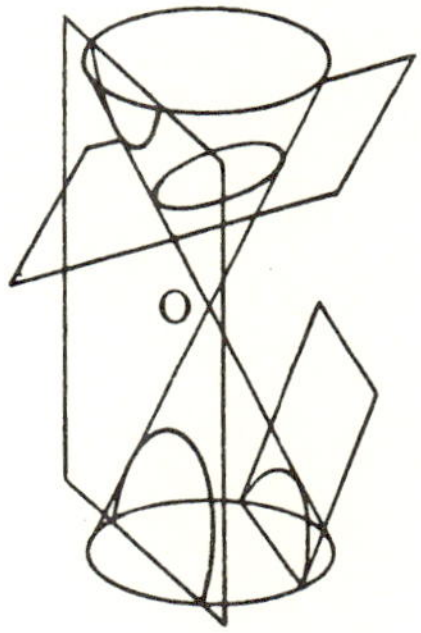

図 9.8

　円錐曲線は（さまざまな平面への）射影によって写された円の像である

——と考えることができる．

射影の性質をあげておく：

(イ) 射影は U 上の直線を U' 上の直線に写す．

(ロ) $L_1, \cdots, L_m$ が 1 点 P で交わる U 上の m 本の直線とすれば，射影 f による像 $f(L_1), \cdots, f(L_m)$ も 1 点 $f(P)$ で交わる U' 上の m 本の直線である．

(ハ) 射影 f は，U 上の曲線 C とその接線 L を，U' 上の曲線 $f(C)$ とその接線 $f(L)$ に写す（図 9.10）．

(ニ) 射影は円錐曲線を円錐曲線に写す．

(ホ) ただし，射影によって，線分の長さや

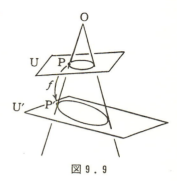

図 9.9

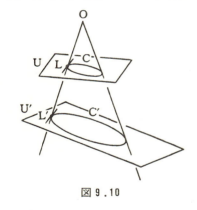

図 9.10

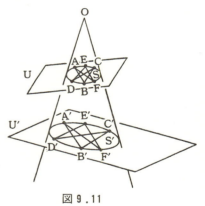

図 9.11

角は変化しうる．言いかえると，射影は合同変換でも相似変換でもない．

さて，射影 f によって，平面 U 上の円 S とそれに内接する六辺形 ABCDEF を，平面 U' 上の円錐曲線 S' とそれに内接する六辺形 A'B'C'D'E'F' に写したとする（図 9.11）．

AB と DE の交点を P，A'B' と D'E' の交点を P'，BC と EF の交点を Q，B'C' と E'F' の交点を Q'，CD と AF の交点を R，C'D' と A'F' の交点を R' とおく．$f(P)=P'$，$f(Q)=Q'$，$f(R)=R'$ である．

円の場合のパスカルの定理より，R は直線 PQ 上にある．ゆえに $R'=f(R)$ は直線 $P'Q'=f(P)f(Q)$ 上にある．

注意 この証明に何となく，ふにおちない方がおられるかも知れない．その

理由は，あらかじめ円錐曲線 S′ を平面上にあたえるのでなく，円 S とそれに内接する六辺形をあたえているように見えて，それで論理的に変な感じがするのである．そのことは，次のように説明される．あらかじめ円錐曲線 S′ とそれに内接する六辺形 A′B′C′D′E′F′ を平面 U′ 上にあたえておく．円錐を切る切り口が円となる平面 U を考え，円錐の中心 O を中心に，U′ の S′ と六辺形 A′B′C′D′E′F′ を U の方に射影したものを S とそれに内接する六辺形 ABCDEF とすれば，S は円錐を U が切る切り口の円に他ならない．ゆえに円の場合のパスカルの定理から三組の対辺の交点は一直線上にある．そこで逆に O 中心にこちらの図形を U′ の方に射影していると考えると，六辺形 A′B′C′D′E′F′ の三組の対辺の交点が一直線上にある．

この「射影」という写像が射影幾何学における基本的な道具である．

(9.5) 代数的証明

パスカルの定理の代数的証明をあたえよう．まず，前節で論じた二次曲線について復習し，二，三の準備をする．方程式

$$\text{二次式} = 0$$

あらわされる曲線を二次曲線とよぶ．円錐曲線（楕円，双曲線，放物線）は二次曲線である．逆に，既約な（つまり二次式が一次式の積に分解されない）二次式であらわされる曲線が円錐曲線となることを前節で示した．

既約でない二次曲線は**可約**であるという．これは 2 直線の和集合である．これらの直線を（この可約二次曲線の）**成分**とよぶ．

2 つの既約二次曲線（つまり円錐曲線）の交点の数（交点数）は，4，3，2，1，0 のいずれかであることを前節で説明した（図 9.12）．交点数が 3 か 1 のときは，2 曲線は接している．したがって次のことが言える：

◀**命題 9.1**▶ 2 つの既約二次曲線は，もし 5 点以上点を共有すれば，曲線として一致する．

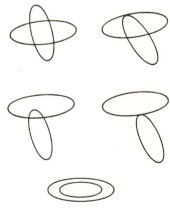

図 9.12

この命題で，「既約」という条件を落とすと，命題は修正を要する．すなわち，2 直線の和集合である 2 つの可約二次曲線 $C = L_1 \cup L_2$，$C′ = L_1′ \cup L_2′$

が，1本の直線を共有（$L_1 = L_1'$）し，他は異なる（$L_2 \neq L_2'$）ことがありうるからである（図9.13）：

◀命題 9.2▶ 2つの可約二次曲線が，もし5点以上を共有すれば，成分の1つは一致する．

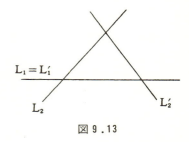

図 9.13

定理 9.3

平面上に5点 A，B，C，D，E があり，これらのどの3点も1直線上にないとする．このとき，これら5点をすべてとおる二次曲線が唯一存在し，それは既約である．

● 証明 ● $A = (a_1, a_2)$，$B = (b_1, b_2)$，$C = (c_1, c_2)$，$D = (d_1, d_2)$，$E = (e_1, e_2)$ とおく．求めるべき二次曲線の方程式を

$$px^2 + qxy + ry^2 + sx + ty + u = 0 \qquad \cdots(5)$$

（p, q, r, s, t, u は数，(x, y) は変数）とおく．この二次曲線が点 A をとおる条件は

$$pa_1^2 + qa_1 a_2 + ra_2^2 + sa_1 + ta_2 + u = 0 \qquad \cdots(6)$$

である．同様に，点 B，C，D，E をとおる条件は，それぞれ

$$pb_1^2 + qb_1 b_2 + rb_2^2 + sb_1 + tb_2 + u = 0 \qquad \cdots(7)$$
$$pc_1^2 + qc_1 c_2 + rc_2^2 + sc_1 + tc_2 + u = 0 \qquad \cdots(8)$$
$$pd_1^2 + qd_1 d_2 + rd_2^2 + sd_1 + td_2 + u = 0 \qquad \cdots(9)$$
$$pe_1^2 + qe_1 e_2 + re_2^2 + se_1 + te_2 + u = 0 \qquad \cdots(10)$$

である．

(6)〜(10)を未知数 p, q, r, s, t, u に関する斉次連立一次方程式とみて，これを解くことを考える．未知数の数が6個で方程式が5個だから，必ず

$$(p, q, r, s, t) \neq (0, 0, 0, 0, 0)$$

となる解 (p, q, r, s, t) が存在する．

すなわち，点 A，B，C，D，E をとおる二次曲線(5)が存在する．そのような二次曲線は，「A，B，C，D，E のどの3点も一直線上にない．」と言う条件により，既約である．ゆえに命題9.1より，A，B，C，D，E をとおる二次曲線は唯一である．

注意 斉次連立一次方程式は，大学1年の線形代数の授業に登場する．

さて，以上の準備のもとで，パスカルの定理を代数的に証明しよう．
　記号を変える．6点 P_1, P_2, P_3, P_4, P_5, P_6 が既約二次曲線 C 上にあるとする．C が既約なので，これらから任意にえらんだ3点は一直線上にない．

　直線 P_1P_2 と P_4P_5 の交点を Q_1，P_2P_3 と P_5P_6 の交点を Q_2，P_3P_4 と P_1P_6 の交点を Q_3 とおき，Q_1, Q_2, Q_3 が一直線上にあることを示す（図 9.14）．

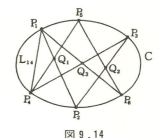

図 9.14

　直線 P_iP_j ($i, j = 1, \cdots, 6$, $i \neq j$) の方程式を
$$L_{ij} = 0$$
とおく．このとき，ある定数 k があって，C は次の方程式であたえられる：
$$L_{12}L_{34} - kL_{23}L_{14} = 0 \qquad \cdots (11)$$
じっさい，この方程式であたえられる二次曲線 D は，($L_{12}(P_1) = 0$, $L_{14}(P_1) = 0$ ゆえ）P_1 をとおる．同様に P_2, P_3, P_4 をとおる．そこで
$$L_{12}(P_5)L_{34}(P_5) - kL_{23}(P_5)L_{14}(P_5) = 0$$
をみたすように k をとれば，(11)の二次曲線 D は，P_1, P_2, P_3, P_4, P_5 をとおる．したがって定理 9.3 より D = C である．

　全く同様の議論で，ある定数 k' があって，C は次の方程式でもあたえられることがわかる：
$$L_{45}L_{16} - k'L_{56}L_{14} = 0 \qquad \cdots (12)$$
(11), (12)は共に，二次曲線 C の方程式である．したがって，後に述べる定理 9.6 により2つの二次式
$$L_{12}L_{34} - kL_{23}L_{14}, \quad L_{45}L_{16} - k'L_{56}L_{14}$$
は定数しか違わない．そこで，L_{45} と L_{56} にあらかじめ，その定数をかけておくことにより，両者は多項式として一致すると仮定してよい：
$$L_{12}L_{34} - kL_{23}L_{14} = L_{45}L_{16} - k'L_{56}L_{14}$$
移項すると
$$L_{12}L_{34} - L_{45}L_{16} = L_{14}(kL_{23} - k'L_{56}) \qquad \cdots (13)$$
この式は多項式としての等号である．いま
$$L_{12}L_{34} - L_{45}L_{16} = 0$$
で定義される二次曲線 E を考えると，$L_{12}(Q_1) = 0$, $L_{45}(Q_1) = 0$ なので，E は Q_1 をとおる．同様の議論で，E は Q_3 をとおる．
　一方(13)より，E は

117

$$E : L_{14}(kL_{23} - k'L_{56}) = 0$$

でもある．つまり E は可約で，2 直線

$$L_{14} = 0, \quad kL_{23} - k'L_{56} = 0$$

の和集合である．成分 $L_{14} = 0$ は Q_1, Q_3 を含まない（図 9.14 参照）．ゆえに成分

$$kL_{23} - k'L_{56} = 0$$

の方が Q_1, Q_3 を含む．ところが $L_{23}(Q_2) = 0$, $L_{56}(Q_2) = 0$ ゆえ，この直線は Q_2 も含む．

すなわち Q_1, Q_2, Q_3 は一直線上にある．

パスカルの定理の逆が次の意味で成り立つ：

定理 9.4

既約二次曲線 C 上に 5 点 P_1, P_2, P_3, P_4, P_5 がある．平面上の点 P_6 に対し，もし，六辺形 $P_1P_2P_3P_4P_5P_6$ の 3 組の対辺の交点 Q_1, Q_2, Q_3 が一直線上にあれば，P_6 は C 上にある．

● 証明 ● 直線 P_1P_6 と C の交点で，P_1 以外の点を P_6' とおく．また Q_2' を直線 P_2P_3 と P_5P_6' の交点とする（図 9.15）．

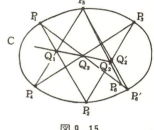

図 9.15

パスカルの定理より，Q_1, Q_2', Q_3 は一直線上にある．これより $Q_2' = Q_2$, $P_6' = P_6$ でなければならない．

証明終

(9.6) パップスの定理

上で述べたように，パスカルの定理は既約二次曲線上の六辺形に関する定理である．しかるに可約な二次曲線上の六辺形についても定理が成り立つ．これが古代より知られたパップス（A. D. 300 年頃）の定理である：

定理 9.5（パップス）

直線 L 上に 3 点 A, B, C, 他の直線 L' 上に 3 点 A', B', C' をとる．AB' と A'B の交点を P, BC' と B'C の交点を Q, AC' と A'C の交点を R とするとき，P, Q, R は一直線上にある（図 9.16）．

証明は代数的にもできるし，またメネラウスの定理を用いた（パスカルの

定理の第3証明に似た）方法でも証明できる．

演習問題 9.1 定理 9.5（パップスの定理）を証明せよ．

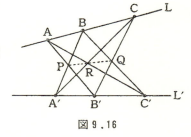

図 9.16

上記，パスカルの定理の代数的証明中に，次の定理が用いられた：

定理 9.6

2つの二次式
$$F_1 = p_1 x^2 + q_1 xy + r_1 y^2 + s_1 x + t_1 y + u_1$$
$$F_2 = p_2 x^2 + q_2 xy + r_2 y^2 + s_2 x + t_2 y + u_2$$
が**同じ**二次曲線をあたえるための必要十分条件は $F_2 = aF_1$ となる 0 でない数 a が存在することである．

● **証明** ● 十分性はあきらかである．必要性を示す．$\{F_1 = 0\} = \{F_2 = 0\} = C$ と仮定する．C が可約（二直線の和集合）のときは，直線についての類似の定理の「必要性」（これは簡単に示せる）より，必要性がわかる．C が既約のときは，定理 8.1 の証明中の議論より，C は「平行移動と回転の合成」によって，第 8 節 (1) のどれかである既約二次曲線 $\hat{C} = \{\hat{F}_1 = 0\} = \{\hat{F}_2 = 0\}$ に写される．ここで $\hat{F}_1, \hat{F}_2$ は，それぞれ，F_1, F_2 に，平行移動と回転の合成である，「同じ変数変換」を代入したものである．この $\hat{C}$ の場合は，$\hat{F}_2 = a\hat{F}_1$ となる $a \, (\neq 0)$ が存在することは，（それぞれの場合に検討すると）容易にわかる．したがって，$F_2 = aF_1$ となる． **証明終**

第10節 ブリアンションの定理と双対原理

10.1 パスカルの定理とその周辺

前節で，パスカルの定理とその逆定理をのべ，証明をあたえた．その復習から始めよう：

定理 10.1（パスカルの定理とその逆定理）

円錐曲線（楕円，双曲線，放物線）に内接する六角形（六辺形ともいう）の3組の対辺の交点は一直線上にある（図10.1）．逆に，六角形の5頂点が円錐曲線C上にあり，3組の対辺の交点が一直線上にあれば，もう1つの頂点もC上にある．

この定理で六角形（六辺形）というとき，自己交叉している六辺形でもかまわない（図10.1の下図参照）．この定理の内容は，角度や辺の長さに無関係である．そのため六角形というより，六辺形とよんだ方がふさわしい．

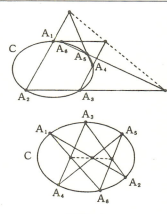

図10.1

前節で，この定理の証明をいくつかあたえたが，そのなかに，まず円錐曲線が円である場合を示して，それを3次元空間の1点Oを光源として他の平面に**射影**（影を写すこと）して，一般の円錐曲線上でも成り立つことを示す方法があった．（図10.2．これはパスカル自身の証明でもある．）

射影によって変わらない図形の性質を調べる幾何学を**射影幾何学**とよぶ．長さや角は射影によって変わるので，それらは普通，射影幾何学の研究対象に

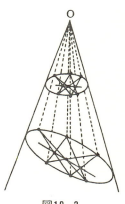

図10.2

ならない．射影幾何学では，主として「結合関係」つまり直線や曲線の交点や接線などが研究対象になる．

パスカルの定理とその逆定理は，射影幾何学における円錐曲線論の基本定理とよばれている．その意味は，パスカルの定理の逆定理の方が，円錐曲線を「作図」しているからである．すなわち，あたえられた5点A_1，A_2，A_3，A_4，A_5において，直線A_1A_2とA_4A_5の交点をQとし，Qをとおる動直線lを考え，lとA_2A_3との交点をQ′，lとA_3A_4との交点をQ″とおく．A_5Q′とA_1Q″の交点をPとおけば，点PはA_1，A_2，A_3，A_4，A_5をとおる円錐曲線上の動点となる（図10.3）．

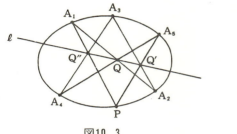

図10.3

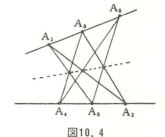

図10.4

注意 あたえられた5点A_1，A_2，A_3，A_4，A_5をとおる円錐曲線は，いつも存在するとは限らない．このうちの3点が一直線上にあると，円錐曲線でなく，2直線に分解した既約でない二次曲線になる．しかしそのような場合でも，パスカルの定理の類似（パップスの定理）がなりたつ（図10.4）．

さて，パスカルの定理をあらわす図10.1の上図において，A_5とA_6が次第に近づき，極限において一致する場合を考える．この場合，直線A_5A_6は極限において，その点での接線に一致する．この場合でも，パスカルの定理

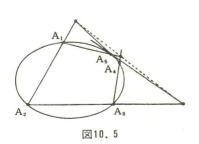

図10.5

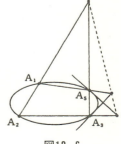

図10.6

第10節 ブリアンションの定理と双対原理

121

の類似がなりたつ（図10.5）.

さらには，A_3 と A_4 が一致する場合（図10.6），さらに A_1 と A_2 が一致する場合についても，パスカルの定理の類似がなりたつ（図10.7）.

とくに図10.7の場合に定理をのべれば次のようになる：

定理 10.2

円錐曲線に内接する △ABC の 3 頂点での円錐曲線への接線と，それぞれの対辺との交点は一直線上にある．

図10.5，図10.6，図10.7はパスカルの定理のバリエーションである．証明は元のパスカルの定理と同様である．

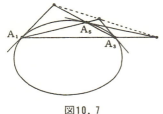

図10.7

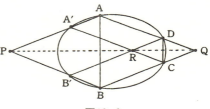

図10.8

いまさらに，図10.6のバリエーションを考える．円錐曲線に内接する四辺形 ABCD に対し，図10.8のように A′, B′ をとり，六辺形 A′ADB′BC を考え，これに対するパスカルの定理を考える．AA′ と BB′ の交点を P，BC と AD の交点を Q，A′C と B′D の交点を R とすると，3 点 P, Q, R は一直線上にある．ここで，A′ を A に限りなく近づけ，B′ を B に限りなく近づけると，極限において A′A，B′B はそれぞれ A，B での接線となって図10.9が得られる（図10.9）．図10.9で P, Q, R は一直線上にある．

今度は C, D における接線の交点を S とすると，同じ理由で R, Q, S は一直線上にある．したがって次の定理がえられた：

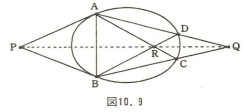

図10.9

定理 10.3

円錐曲線に内接している四辺形 ABCD において，A と B における接線の交点 P と，C と D における接線の交点 S と，AD と BC の交点 Q と，AC

とBDの交点Rの4点は一直線上にある（図10.10）．

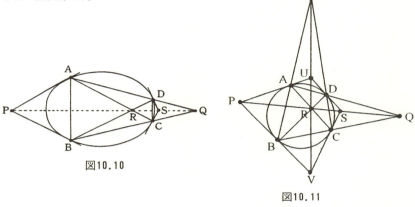

図10.10

図10.11

さらには，図10.10において，AB と CD の交点を T，AP と DS の交点を U，BP と CS の交点を V とすると，定理10.3より，4点 T，U，R，V は一直線上にある．したがって

定理10.4
円錐曲線に内接している四辺形を ABCD とし，頂点での円錐曲線の接線の作る四辺形を PVSU とする．このとき，4直線 PS，UV，AC，BD は1点で交わる．また，AB と CD の交点 T は UV 上にあり，AD と BC の交点 Q は PS 上にある．（図10.11）．

10.2　極と極線（再論）

以前（第8節）に，極と極線の議論をしたが，ここで再論する．

円錐曲線 Γ の外に点 P をとり，Γ への接線 PA，PB をひき，A，B を接点とする．このとき直線 AB を，点 P の（Γ に関する）**極線**とよぶ．逆に点 P は直線 AB の**極**とよぶ（図10.12）．点 P が Γ 上にあるときは，P での接線を P の極線とする．（P を接線の極とする．）点 P が Γ の内部にあるときは P から接線がひけないが，P の極線を同様の代数式で定義できる．すなわち Γ の方程式を

$$\Gamma : ax^2 + 2hxy + by^2 + 2gx + 2fy + c = 0$$

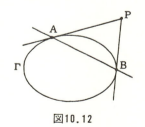

図10.12

(a, b, c, f, g, h は定数）とし，P=(x_0, y_0) とおくとき，Pの極線を
$$ax_0x + hx_0y + hy_0x + by_0y$$
$$+ gx + gx_0 + fy + fy_0 + c = 0 \qquad \cdots(1)$$
で定義するのである．この式の形（x と x_0，y と y_0 をとりかえても変わらないこと）から次の定理が直ちにわかる：

定理10.5

円錐曲線Γに関する点Pの極線ℓ上に任意の点Qをとると，Qの極線はPをとおる（図10.13）．

定理10.5より次の定理がえられる：

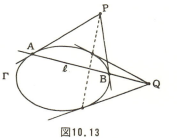
図10.13

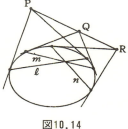
図10.14

定理10.6

円錐曲線Γに関する点P，Q，Rの極線をそれぞれℓ，m，nとする．もしP，Q，Rが一直線上にあれば，ℓ，m，nは一点で交わる．（ただし例外として3直線ℓ，m，nが平行のときもある．）逆にもしℓ，m，nが一点で交われば（または平行ならば），P，Q，Rは一直線上にある（図10.14）．

● 証明 ● ℓとmの交点Sの極線は直線PQである．mとnの交点S′の極線はQRである．PQ=QRであればS=S′となる．逆にS=S′であればPQ=QRとなる． 証明終

定理10.7

円錐曲線に内接する四角形ABCDの辺ABとCDの交点をT，辺ADとBCの交点をQ，対角線ACとBDの交点をRとするとき，QRは点Tの極線であり，TRは点Qの極線である（図10.15）．

● 証明 ● これは前定理と定理10.4より得られる．定理10.4及び図10.11と同じ記号を用いる．点Aの極線は，Aでの接線に他ならない．3点T，A，

Bは一直線上にあるので，定理10.6より，点PはTの極線上にある．同様の理由で，点SはTの極線上にある．ゆえに直線PSすなわち直線QRは，Tの極線である．同様に，直線TRはQの極線である．

証明終

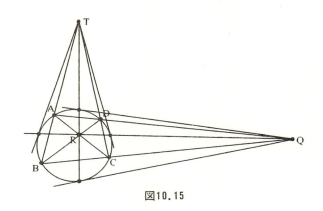

図10.15

(10.3) ブリアンションの定理

次の美しい定理は，ブリアンション（1785-1864）の定理とよばれている：

定理10.8（ブリアンション）────────────
円錐曲線に外接する六辺形 ABCDEF の3組の対角線 AD, BE, CF は一点で交わる（図10.16）．

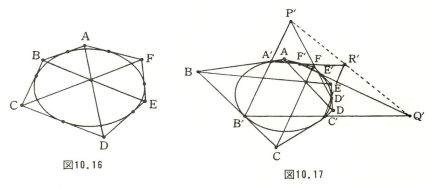

図10.16　　　　　　　図10.17

● 証明 ● 図10.17のように，接点 A′, B′, C′, D′, E′, F′ を順にとり，六辺形 A′B′C′D′E′F′ を考える．A′B′ と D′E′ の交点を P′，B′C′ と E′F′ の

交点を Q′, C′D′ と F′A′ の交点を R′ とする．パスカルの定理（定理10.1）より，P′, Q′, R′ は一直線上にある．

しかるに P′ は点 B の極線上にも E の極線上にもある．したがって定理10.5より，BE が P′ の極線である．同様に CF が Q′ の極線であり，AD が R′ の極線である．ゆえに定理10.6より，BE, CF, AD は一点で交わる． **証明終**

この極と極線を用いる証明は，ブリアンション自身による．他にも，パスカルの定理の証明のように，まず円錐曲線が円である場合に定理を証明し，それを射影によって一般の円錐曲線に写すことにより証明する方法もある．（円の場合の）証明は，ここでは省略するので読者自ら試みて下さい．

10.4　ブリアンションの定理の周辺

パスカルの定理と同様に，ブリアンションの定理も，頂点が接点に近づいて極限で一致し，2辺が一致して接線になる場合も，同様の定理がなりたつ（図10.18，図10.19，図10.20）．とくに図10.20の場合に定理をのべれば次のようになる：

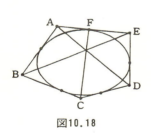

図10.18

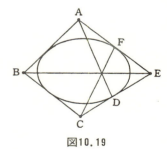

図10.19

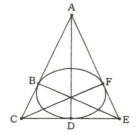

図10.20

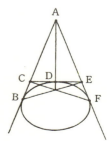

定理10.9

円錐曲線に外接する三角形 $\triangle ACE$ の接点を B，D，F とするとき，AD，EB，CF は一点で交わる．

演習問題10.1 円錐曲線が円の場合に定理10.9の直接的証明をあたえよ．

⑩.5 ポンスレーの双対原理

ポンスレー（1788-1867）の双対（そうつい）原理とは次のことである：

ポンスレーの双対原理 円錐曲線 Γ を1つ考え，これを固定しておく．もし Γ とその周りのいくつかの点と直線に関する1つの（射影幾何学的）命題が真とすれば，点を（Γ に関する）その極線におきかえ，直線をその極でおきかえた命題もまた真である．（後の命題を前の命題の**双対命題**とよぶ．前の命題は後の命題の双対命題にもなるので，これらは**互いに双対な命題で**あるともいう．）

注意 2直線の交点は対応する2極を結ぶ直線におきかわり，2点をむすぶ直線は対応する2極線の交点におきかわる．したがって，もとの命題が「これこれの3点は一直線上にある」と主張しているならば，その双対命題は「（対応する）3直線は一点で交わる」と主張する．逆もいえる．

たとえば，パスカルの定理（定理10.1）の双対命題を考えると，まさにブリアンションの定理（定理10.8）がえられる．すなわち，パスカルの定理とブリアンションの定理は，互いに双対な命題になっている．また，定理10.2と定理10.9は互いに双対な命題である．

この原理がなりたつことは，定理10.5と定理10.6よりあきらかである．（定理10.8の証明と図10.17を見られたい．）

ポンスレーはエコールポリテクニックを卒業し陸軍士官となり，ナポレオンに従ってロシア遠征に加わり，敗戦とともに捕虜となって，極寒の牢屋でしかも歯痛に悩まされるという極限状態でこの原理を発見したといわれている．

⑩.6 射影平面

注意深い読者は気づかれたかと思うが，パスカルの定理やブリアンションの定理の述べ方には，2直線が交わらず平行な場合の記述が欠けている．たとえば，図10.21のように，3つの対辺が全て平行になっている六辺形の場

合がある．ブリアンションの定理を示すのにパスカルの定理を用いたが，用いるべき六辺形が図10.21のようになっていたら使えないではないか！

平行線に関してのいろいろな煩わしさを一挙に解決するのが，以下に述べる射影平面の導入である．

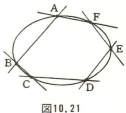

図10.21

ふつうの平面に，**無限遠直線**というものをつけ加えたものが**射影平面**である．無限遠直線は**無限遠点**のあつまりである．平面上に1つの直線があるとき，その直線を両側に限りなく延ばして，無限の彼方に1点 ∞ を想定する．この点が無限遠点である．無限のかなたでは不思議なことに，両側の ∞ が一致すると考える（図10.22）．

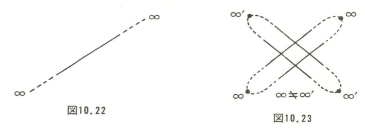

図10.22　　　　　　　　図10.23

また，平行な2直線の無限の彼方には，同じ無限遠点があると考える．しかし平行でない2直線の無限の彼方には，異なる無限遠点があると考える（図10.23）．

射影平面上の**点**とは，ふつうの平面の上の点か無限遠点かどちらかのことである．射影直線上の**直線**とは，ふつうの直線に図10.22の ∞ 点を付け加えたものか，無限遠直線のことである．

射影平面には平行な2直線は存在しない．異なる2直線は必ず1点で交わる．

このような，いかにも便宜的な定義を突然なされた場合，人はそれを納得するであろうか．むしろ疑惑と不審の眼で見るに違いない．

射影平面の作り方として，次のようなものがある．今我々の普通の平面が，3次元空間（X, Y, Z）の中で方程式

$$Z=1$$

であたえられているものとする．平面 $Z=1$ 上の各点 P に，P と原点 O をむすぶ直線 $\ell=OP$ を対応させると，これは（中への）1対1対応である：

$$P \longmapsto \ell = OP \qquad \cdots(2)$$

（図10.24）．

しかし逆にOをとおるどんな直線lに対しても，$l=\mathrm{OP}$となる点Pが平面$Z=1$上にあるとは限らない．lが平面$Z=1$に平行なとき，つまりlが平面$Z=0$に入るとき，そのときのみ$l=\mathrm{OP}$となる点Pが平面$Z=1$上に存在しない．

そこでいま，(2)の1対1対応を用いて，平面$Z=1$上の各点Pを，直線$l=\mathrm{OP}$と**同一視する**．

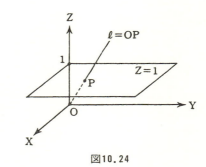

図10.24

いま，平面$Z=1$上の直線m上に点P_1, P_2, P_3, P_4, … を次々にとり，$l_1=\mathrm{OP}_1$, $l_2=\mathrm{OP}_2$, $l_3=\mathrm{OP}_3$, $l_4=\mathrm{OP}_4$, … を考える．点列$\{P_n\}$が直線m上を限りなく遠くに行くと，直線の列$\{l_n\}$は（Oをとおり平面$Z=0$に入る）mに平行な直線lに限りなく近づいてゆく（図10.25）．そこで，

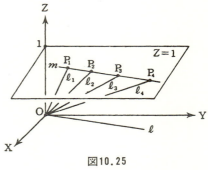

図10.25

mの無限の彼方にある無限遠点∞をlと同一視するのである：$\infty=l$．こう考えると，m上反対方向に限りなく$\{P_n\}$が遠くに行っても，同じ無限遠点$\infty=l$がえられることが納得できる．

すなわち，平面$Z=0$に入っていて原点をとおる直線が無限遠点と同一視され，その全体の集合である無限遠直線が平面$Z=0$と同一視される．

つまり，射影平面とは，Oをとおる直線全体の集合と考えられる．点と（Oをとおる）直線の同一視とは，強引すぎると思われるかもしれないが，これは一種の発想の転換である．

原点をとおる直線lは，その上の点(X, Y, Z)の座標の連比
$$X : Y : Z$$
で決まる．

そこで逆に，射影平面を連比$(X:Y:Z)$（X, Y, Zのどれか1つはゼロでない）全体の集合と定義することもある．

連比 (X:Y:Z) を射影平面の**斉次座標**とよぶ．我々のふつうの平面 $Z=1$ 上での座標との関係は
$$x=\frac{X}{Z}, \quad y=\frac{Y}{Z} \qquad \cdots(3)$$
である．

射影平面での，一般の直線の方程式は
$$aY+bY+cZ=0$$
(a, b, c はどれか1つはゼロでない定数) であたえられる．とくに無限遠直線は，方程式
$$Z=0$$
であたえられる．

また，射影平面上の一般の**二次曲線**の方程式は，斉次二次式
$$aX^2+bXY+cY^2+dXZ+eYZ+fZ^2=0$$
(a, b, c, d, e, f は，どれか1つはゼロでない定数) であたえられる．

注意 $X:Y:Z=X':Y':Z'$ (連比がひとしい) とき (X, Y, Z) がこの方程式をみたせば，(X', Y', Z') もこの方程式をみたす．

たとえば双曲線
$$\frac{x^2}{a^2}-\frac{y^2}{b^2}=1$$
を射影平面上で考えるには，(3)式をこの式に代入して分母を払えばよい：
$$\frac{(X/Z)^2}{a^2}-\frac{(Y/Z)^2}{b^2}=1 \quad \therefore \quad \frac{X^2}{a^2}-\frac{Y^2}{b^2}=Z^2$$
ここで $Z=0$ とおくと
$$\frac{X^2}{a^2}-\frac{Y^2}{b^2}=0$$
$\therefore \quad X:Y=a:b$ または $a:-b$

つまり双曲線は，2つの無限遠点 $(a:b:0)$ と $(a:-b:0)$ をとおる．これらは双曲線の2つの漸近線の無限遠点である（図10.26）．

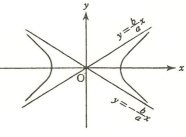

図10.26

|演習問題 10.2　放物線
$$y^2=4px \quad (p \text{ は正定数})$$
を射影平面上で考え，この放物線がとおる無限遠点をもとめよ．

斉次座標を用いて考えてみると，射影平面上では，どの点も同等で，ふつうの点と無限遠点の間に，何の身分の差もないことがわかる．

射影平面における，直線を直線にうつす変換は次の形をしている：

$$X' = a_{11}X + a_{12}Y + a_{13}Z$$
$$Y' = a_{21}X + a_{22}Y + a_{23}Z$$
$$Z' = a_{31}X + a_{32}Y + a_{33}Z$$

ただし，a_{11} などは定数で行列式

$$\begin{vmatrix} a_{11} & a_{12} & a_{13} \\ a_{21} & a_{22} & a_{23} \\ a_{31} & a_{32} & a_{33} \end{vmatrix}$$

はゼロでない．（行列式については，大学一年の線形代数学の本を参照されたい．）

この変換を**射影変換**とよぶ．図10.2の射影は射影変換の特別な場合になっている．

射影平面上の任意の 2 点は，射影変換で互いに移り得る．どの点も同等といったのは，実はこの意味である．

射影平面上で射影幾何学を論じた方が，はるかに自然である．パスカルの定理やブリアンションの定理は，射影平面上の定理と考えるのが最も自然である．

射影平面上で，上述の定理10.1〜定理10.9 が全て成り立つ．とくに定理10.5，定理10.6 が成り立つので，双対原理が成り立つのである．

第11節 デザルグの定理と射影平面

(11.1) デザルグの定理

デザルグの定理とは，次の定理である：

定理 11.1（デザルグの定理）

△ABC と △A'B'C' において，AA' と BB' と CC' が点 O で交わるとする．このとき，AB と A'B' の交点 P，BC と B'C' の交点 Q，CA と C'A' の交点 R の3点 P, Q, R は一直線上にある（図11.1）.

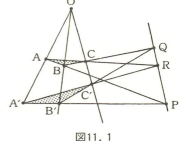

図11.1

●第1証明● メネラウスの定理とその逆定理を用いる：
△OAB の各辺（の延長）を A'B' が切っているとみると，メネラウスの定理より

$$\frac{A'A}{OA'} \cdot \frac{PB}{AP} \cdot \frac{B'O}{BB'} = -1 \qquad \cdots(1)$$

（外分の場合は，便宜上，比の値はマイナスを付け負数とする．）
同様に △OBC の各辺（の延長）を B'C' が切っているとみると

$$\frac{B'B}{OB'} \cdot \frac{QC}{BQ} \cdot \frac{C'O}{CC'} = -1 \qquad \cdots(2)$$

同様に △OCA の各辺（の延長）を C'A' が切っているとみると

$$\frac{C'C}{OC'} \cdot \frac{RA}{CR} \cdot \frac{A'O}{AA'} = -1 \qquad \cdots(3)$$

(1), (2), (3)を辺々かけると

$$\frac{PB}{AP} \cdot \frac{QC}{BQ} \cdot \frac{RA}{CR} = -1$$

がえられる．この式は △ABC に対するメネラウスの逆定理を用いると，3点 P, Q, R が一直線上にあることを意味する． 証明終

●第2証明● (秋山武太郎「幾何学つれづれ草」1993, サイエンス社, の証明)
点AからOB, OCに平行線をひき, A'B', A'C'との交点をそれぞれD, Eとする(図11.2).
このとき

$$\frac{DB'}{A'D} = \frac{AO}{A'A} = \frac{EC'}{A'E}$$

∴ DE // B'C' (平行).

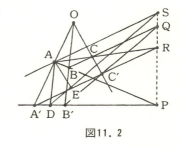

図11.2

いま, AからBCに平行な線をひき, DEとの交点をSとおく. このとき△SAEと△QCC'は対応する辺がそれぞれ平行なので相似となり, その相似の中心は, 対応する頂点をむすぶ線ACとEC'の交点すなわちRである. それゆえ, もう一組の対応する頂点をむすぶ線SQも相似の中心Rをとおる. すなわちS, Q, Rは一直線上にある.

また, △SADと△QBB'は対応する辺がそれぞれ平行なので相似となり, その相似の中心はPである. したがって, 上と同様に, 3点S, Q, Pが一直線上にあることがわかる. 結局, P, Q, Rは一直線上にある. 証明終

デザルグの定理は逆もなりたつ:

定理11.2 (デザルグの定理の逆定理)

△ABCと△A'B'C'において, ABとA'B'の交点P, BCとB'C'の交点Q, CAとC'A'の交点Rの3点P, Q, Rが一直線上にあれば, AA'とBB'とCC'は1点で交わる.

●証明● 図11.1において, P, Q, Rが一直線上にあるとする. BB'とCC'の交点をOとおく. 3点O, A, A', が一直線上にあることを示せばよい.

△BB'Pと△CC'Rにおいて, 対応する頂点をむすぶ線BCとB'C'とPRは1点Qで交わる. したがってデザルグの定理より, BB'とCC'の交点O, BPとCRの交点A, B'PとC'Rの交点A'の3点O, A, A'は一直線上にある. 証明終

この証明からわかるように, デザルグの定理の逆定理は, デザルグの定理自身と内容が本質的に一致している.

デザルグ (1593-1662) はフランスのリヨン生まれで, 若い頃は建築技師

であったが，30代頃からその仕事をやめて幾何学の研究に没頭した．彼の著書は難解で，当時の人々に理解されなかったが，パスカル（1623-1662）だけは理解し尊敬した．パスカルは「（幾何学に関する）自分の発見はわずかで，多くはデザルグの著書に負っている．」と言っている．パスカルはデザルグより大分年下だが，同年に亡くなっている．

演習問題 11.1 点Oで交わる3直線L_1，L_2，L_3と，点Sで交わる2直線L，L'が図11.3のように交わっている．LとL_1，L_2，L_3の交点をそれぞれA，B，CとL，L'とL_1，L_2，L_3の交点をそれぞれA'，B'，C'とする．AB'と$A'B$の交点をP，BC'と$B'C$の交点をQ，CA'と$C'A$の交点をRとおく．このとき，4点P，Q，R，Sは一直線上にあることを示せ．（ヒント：デザルグの定理とパップスの定理．）

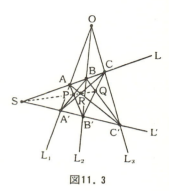

図11.3

(11.2) 反省

上に述べたデザルグの定理（定理11.1）とその逆定理（定理11.2）の述べ方に，少し不十分な点があることに気付かれたであろうか．然り，平行線がからむ場合の吟味が欠けているのである．

平行線がからむ場合を考慮に入れると，定理11.1は，いくつかの但し書きが必要になる．それらを定理の形に書くと，次の定理11.1-a～定理11.1-eになる：

定理11.1-a

△ABCと△A'B'C'において，AA'とBB'とCC'が点Oで交わるとする．ABとA'B'の交点をP，BCとB'C'の交点をQとする．もしACとA'C'が平行ならば，PQもこれらに平行である（図11.4）．

●**証明**● △PAA'と△QCC'において，PAとQCの交点B，PA'とQC'の交点B'，AA'とCC'の交点Oの3点B，B'，

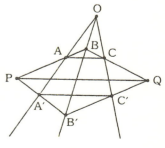

図11.4

Oは一直線上にある．したがって，もしACとPQが平行でなく，1点で交われば，定理11.2より，A'C'もその点で交わることになり，矛盾である．ゆえにACとPQは平行である． 　　　　　　　　　　　　　　　　証明終

定理 11.1-b

△ABCと△A'B'C'において，AA'とBB'とCC'が点Oで交わるとする．もしABとA'B'が平行で，BCとB'C'が平行ならば，CAとC'A'は平行である（図11.5）．

● 証明 ●　これは単に△ABCと△A'B'C'が点O中心に相似の位置にあることを述べたにすぎないが，比例を用いれば

$$\frac{OA'}{OA}=\frac{OB'}{OB}, \quad \frac{OB'}{OB}=\frac{OC'}{OC} \quad \therefore \quad \frac{OA'}{OA}=\frac{OC'}{OC}$$

$$\therefore \quad AC // A'C'$$

証明終

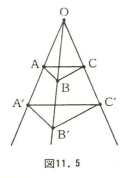
図11.5

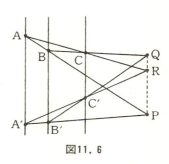
図11.6

定理 11.1-c

△ABCと△A'B'C'において，AA'とBB'とCC'が平行ならば，ABとA'B'の交点P，BCとB'C'の交点Q，CAとC'A'の交点Rの3点P, Q, Rは一直線上にある（図11.6）．

定理 11.1-d

△ABCと△A'B'C'において，AA'とBB'とCC'が平行とする．ABとA'B'の交点をP，BCとB'C'の交点をQとする．もしCAとC'A'が平行ならば，PQもこれらと平行である（図11.7）．

定理 11.1-e

△ABCと△A'B'C'において，AA'とBB'とCC'が平行とする．さらにABとA'B'が平行，BCとB'C'が平行ならばCAとC'A'は平行である

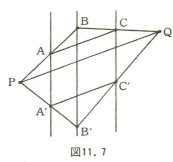
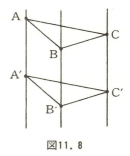

図11.7   図11.8

（図11.8）．

定理11.1-c は定理11.1 の第2証明と同様の方法で証明できる．また定理11.1-d は比例を用いて証明できる．定理11.1-e は △ABC と △A'B'C' が合同となるから，あきらかである．

演習問題 11.2   定理11.1-c と定理11.1-d を証明せよ．

デザルグの定理の逆定理（定理11.2）の述べ方も不十分で，やはり図11.4〜図11.8に対応する場合分けが必要である．とくに図11.6の場合を考慮に入れると，定理11.2 は次のように書きかえるべきである：

定理 11.2'

△ABC と △A'B'C' において，AB と A'B' の交点 P，BC と B'C' の交点 Q，CA と C'A' の交点 R の3点 P, Q, R が一直線上にあれば，AA', BB', CC' は1点で交わるか平行である．

このように，平行線がからむ場合の場合分けがわずらわしくめんどうである．しかし前節で紹介した「射影平面」を用いると，平行線に関するわずらわしさが消えて，射影平面上の定理として，定理11.1と定理11.2が，このままの形ですっきりと述べられる．

11.3 射影平面についての復習

ふつうの平面に，無限遠直線をつけ加えたものが射影平面である．無限遠直線は無限遠点とよばれる点の集合である．ふつうの平面上の各直線の無限の彼方に，1つの無限遠点があると考える．ただし反対側の無限の彼方も同じ無限遠点であるとする．（無限の彼方が，あたかも閉じた円のようになって回帰してくる―図11.9．）また，平行線は同じ無限遠点をあたえ，平行でない直線は違う無限遠点をあたえるとする（図11.10）．

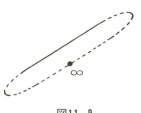
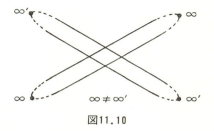

図11.9　　　　　　　　　図11.10

　射影平面上の点とは，ふつうの平面上の点か無限遠点かどちらかの点のことである．また，射影平面上の直線とは，ふつうの直線に無限遠点をつけ加えたもののことか，または無限遠直線のことである．

　射影平面上には，平行な2直線は存在せず，異なる2直線は必ず1点で交わる．

　射影平面は，よりげんみつには，3数の連比の集合
$$\mathbf{P}^2(\mathbf{R}) = \{(X : Y : Z) | X, Y, Z はどれか1つはゼロでない数\}$$
と定義される．言いかえると，(X, Y, Z) と (X', Y', Z') が $\mathbf{P}^2(\mathbf{R})$ の点として同じであるとは，ゼロでない数 a があって，$X'=aX$，$Y'=aY$，$Z'=aZ$ となることである．

　連比 $(X : Y : Z)$ を射影平面 $\mathbf{P}^2(\mathbf{R})$ の斉次座標とよぶ．ふつうの平面の座標 (x, y) との関係は
$$x = \frac{X}{Z}, \quad y = \frac{Y}{Z}$$
である．

　射影平面上の直線の方程式は
$$aX + bY + cZ = 0 \qquad \cdots (4)$$
(a, b, c はどれか1つはゼロでない定数)であたえられる．とくに無限遠直線の方程式は
$$Z = 0$$
であたえられる．

　方程式
$$ax + by + c = 0$$
であたえられる，ふつうの平面上の直線に無限遠点を付け加えて，射影平面上の直線を考えると，その方程式は $x=X/Z$，$y=Y/Z$ を代入して分母を払ったもの：
$$a\left(\frac{X}{Z}\right) + b\left(\frac{Y}{Z}\right) + c = 0$$

$$\therefore \quad aX + bY + cZ = 0$$

である．たとえば，ふつうの平面上の直線

$$3x - 4y + 1 = 0$$

に無限遠点を付け加えた，射影平面上の直線の方程式は

$$3X - 4Y + Z = 0$$

である．これと無限遠直線 $Z = 0$ との交点は，連立方程式

$$3X - 4Y + Z = 0, \quad Z = 0$$

を解くことにより，

$$(X : Y : Z) = (4 : 3 : 0)$$

である．これがこの直線上にある無限遠点である．

直線(4)と，ことなる直線

$$a'X + b'Y + c'Z = 0 \qquad\qquad\qquad \cdots(5)$$

の**交点**とは，(4)と(5)を連立方程式とみて，その $(0, 0, 0)$ 以外の解 (X, Y, Z) の連比 $(X : Y : Z)$ のことである．これは，ただ 1 つ定まる．((4)と(5)がことなる直線をあたえる条件は，連比 $(a : b : c)$ と $(a' : b' : c')$ がことなることである．)

射影平面において，直線を直線にうつす変換は次の形をしている：

$$X' = a_{11}X + a_{12}Y + a_{13}Z,$$
$$Y' = a_{21}X + a_{22}Y + a_{23}Z,$$
$$Z' = a_{31}X + a_{32}Y + a_{33}Z$$

ただし a_{11} 等は定数で，行列式

$$\begin{vmatrix} a_{11} & a_{12} & a_{13} \\ a_{21} & a_{22} & a_{23} \\ a_{31} & a_{32} & a_{33} \end{vmatrix}$$

はゼロでない．この変換を射影平面の射影変換とよぶ．これは射影平面上の座標変換とみなすことができる．

射影平面上の図形の，射影変換で不変な性質を論じるのが射影幾何学である．前節で出てきたパスカルの定理やブリアンションの定理，そして上に述べたデザルグの定理は射影幾何学の定理である．

(11.4) デザルグの定理の代数的証明

まず，デザルグの定理の逆定理（定理11.2）を代数的に証明しよう．

射影平面上で，$\triangle ABC$ と $\triangle A'B'C'$ に対し，AB と $A'B'$ の交点 P，BC と $B'C'$ の交点 Q，CA と $C'A'$ の交点 R の 3 点 P，Q，R が直線

$$\ell : \delta = 0$$

上にあるとする（図11.1参照）．ここに δ は(4)のような斉次一次式である．同様に，AB，BC，CA の方程式をそれぞれ

$$\mathrm{AB} : \alpha = 0, \quad \mathrm{BC} : \beta = 0, \quad \mathrm{CA} : \gamma = 0$$

とする．

A′B′ は AB と ℓ の交点 P をとおるので，その方程式は

$$\mathrm{A'B'} : \delta + k\alpha = 0 \quad （k はゼロでない定数）$$

と書ける．しかし，この α に k をかけた $k\alpha$ をあらかじめ α の代わりにとったと考えると，A′B′ の方程式は

$$\mathrm{A'B'} : \delta + \alpha = 0$$

となる．同様に，B′C′，C′A′ の方程式は，それぞれ

$$\mathrm{B'C'} : \delta + \beta = 0,$$
$$\mathrm{C'A'} : \delta + \gamma = 0$$

とおける．

さて，AA′ の方程式は

$$\mathrm{AA'} : \alpha - \gamma = 0$$

である．何故なら直線 $\alpha - \gamma = 0$ は点 A をとおる．また，

$$\alpha - \gamma = (\delta + \alpha) - (\delta + \alpha)$$

ゆえ，直線 $\alpha - \gamma = 0$ は点 A′ をとおる．したがって，直線 $\alpha - \gamma = 0$ は AA′ に一致する．

同様に BB′，CC′ の方程式は，それぞれ

$$\mathrm{BB'} : \alpha - \beta = 0, \quad \mathrm{CC'} : \beta - \gamma = 0$$

である．

さて，3直線 AA′，BB′，CC′ の方程式をあたえる斉次一次式の間に，関係式

$$\alpha - \gamma = (\alpha - \beta) + (\beta - \gamma)$$

がなりたつ．これは，BB′ と CC′ の交点を AA′ がとおることを意味する．かくて定理11.2が示された．

定理11.1は定理11.2より導かれる．すなわち，図11.1において，AA′ と BB′ と CC′ が点 O で交わるとする．△AA′R と △BB′Q において，対応辺 AA′ と BB′ の交点 O，A′R と B′Q の交点 C′，RA と QB の交点 C の3点 O，C′，C が一直線上にあるので，今示したことから，AB と A′B′ と QR は1点で交わる．その点を P とすれば，すなわち P，Q，R は一直線上にある．

11.5 デザルグの定理の三次元幾何的証明

さいごに，デザルグの定理の三次元幾何的証明をあたえよう．

空間内に 2 平面 S，T があり，S 上に △ABC，T 上に △A'B'C' がある．直線 AB と A'B' が（ねじれの位置になく）平面 U 上にあるとする．また，BC と B'C' も平面 V 上にあり，CA と C'A' は平面 W 上にあるとする（図11.11）．図11.11 において，点 O は，3 平面 U，V，W の交点である．

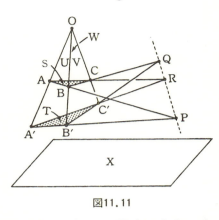

図11.11

AB と A'B' は（平面 U 上の 2 直線だから）U 上で交わる（か平行である）．その交点を P とする．同様に BC と B'C' は V 上の点 Q で交わり，CA と C'A' は W 上の点 R で交わる．

このとき，3 点 P，Q，R は一直線上にある．なぜなら，P，Q，R は共に，平面 S と T 上にあるから，その交線上にある．

さて，点 O' を S，T，U，V，W のどれにも含まれない点とし，X を O' をとおらない平面として，O' 中心の射影を考え，図11.11 の図形を射影で平面 X に落とせば，これはデザルグの定理（の図）に他ならない．（射影は直線を直線に，交点を交点にうつすことに注意して下さい．）

この証明は，明快である．三次元幾何を応用すると，いろいろ面白い平面幾何の定理とその証明が得られる可能性がある：

定理11.3（モンジュの定理）――――――――――――――――

平面上，互いに相手を含まないような，半径のことなる 3 円に対し，これらの 2 つづつの共通外接線の交点は一直線上にある（図11.12）．

● 証明 ● 3 円を Γ_1，Γ_2，Γ_3 とし，Γ_1 と Γ_2，Γ_2 と Γ_3，Γ_3 と Γ_1 の共通外接線の交点を，それぞれ P，Q，R とおく．

この平面 U を含む三次元空間を考え，Γ_1，Γ_2，Γ_3 が大円となる球面 $\hat{\Gamma}_1$，$\hat{\Gamma}_2$，$\hat{\Gamma}_3$ を考える．これら全てに，上下から接する平面 U'，U'' を考えると，

U′, U″ はUに関して対称の位置にあり，それゆえ，三平面U, U′, U″の交わりが直線になっている．それを ℓ とおく．
$\ell = U \cap U' = U \cap U'' = U' \cap U''$
$= U \cap U' \cap U''$.

さて，点Pは球面 $\hat{\Gamma}_1$ と $\hat{\Gamma}_2$ の相似の中心なので，$U' \cap U'' = \ell$ 上にある．同様の理由でQもRも ℓ 上にある．ゆえにP, Q, Rは一直線上にある．

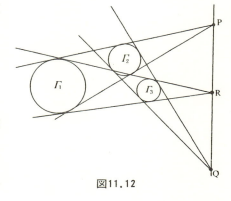

図11.12

証明終

モンジュ (1746-1818) はフランス革命の激動の時代を生き，ナポレオンのエジプト遠征にも加わっている．図学で大切な**画法幾何学**の創始者である．ポンスレー (§10.5参照) はモンジュの弟子である．

定理11.4

平面上，△ABCの内部または（辺の延長上でない）外部に点Dを任意にとる．AD, BD, CD 上に，それぞれ点 P ($\neq$ A, D), Q ($\neq$ B, D), R ($\neq$ C, D) を任意にとる．
(i) BRとCQの交点をA′とおき，DA′とBCの交点をP′とおく．
(ii) CPとARの交点をB′とおき，DB′とACの交点をQ′とおく．
(iii) AQとBPの交点をC′とおき，DC′とABの交点をR′とおく．
このとき
(イ) AP′, BQ′, CR′ は1点で交わる．この点をD′とおく
(ロ) 7本の直線 AA′, BB′, CC′, DD′, PP′, QQ′, RR′ は1点で交わる．(図11.13).

この定理は，三次元幾何における次の同様の定理を（デザルグの定理の証明のように）平面に射影したものである：

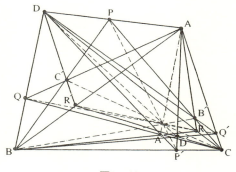

図11.13

第11節 デザルグの定理と射影平面

定理 11.4′

四面体 ABCD の辺 AD, BD, CD 上（またはその延長上）にそれぞれ P ($\neq$A, D), Q ($\neq$B, D), R($\neq$C, D) を任意にとる.

(i) 平面 [BCD]（3点 B, C, D がその上にある平面）において，BR と CQ の交点を A′ とおき，DA′ と BC の交点を P′ とおく.

(ii) 平面 [ACD] において，CP と AR の交点を B′ とおき，DB′ と AC の交点を Q′ とおく.

(iii) 平面 [ABD] において，AQ と BP の交点を C′ とおき，DC′ と AB の交点を R′ とおく（図11.14）.

このとき

(イ) AP′, BQ′, CR′ は1点で交わる. この点を D′ とおく.

(ロ) 7本の直線 AA′, BB′, CC′, DD′, PP′, QQ′, RR′ は1点で交わる.

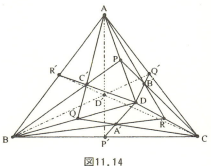

図11.14

● 証明 ●　(イ). △BCD にチェバの定理を適用すると

$$\frac{P'C}{BP'} \cdot \frac{RD}{CR} \cdot \frac{QB}{DQ} = 1.$$

△ACD にチェバの定理を適用すると

$$\frac{RC}{DR} \cdot \frac{Q'A}{CQ'} \cdot \frac{PD}{AP} = 1.$$

△ABD にチェバの定理を適用すると

$$\frac{R'B}{AR'} \cdot \frac{QD}{BQ} \cdot \frac{PA}{DP} = 1.$$

これら3式を辺々かけると

$$\frac{R'B}{AR'} \cdot \frac{P'C}{BP'} \cdot \frac{Q'A}{CQ'} = 1.$$

それゆえ，チェバの逆定理より，△ABC において，AP′, BQ′, CQ′ は1点で交わる.

その点を D′ とおく.

(ロ). まず，次のことに注意する：「二つの平面の共通部分は（平行でなければ）直線である．三つの平面の共通部分は，（平行でなければ）1点か直線である.」

さて，図11.14より，あきらかに

$$[ABR] \cap [ACQ] \cap [ADP'] = AA', \qquad \cdots(6)$$

$$[BCP] \cap [ABR] \cap [BDQ'] = BB', \qquad \cdots(7)$$

$$[ACQ] \cap [BCP] \cap [CDR'] = CC' \qquad \cdots(8)$$

である．これら3式にあらわれている六つの平面の共通部分を考えると，上3式より

$$[ABR] \cap [ACQ] \cap [BCP] \cap [ADP'] \cap [BDQ'] \cap [CDR']$$

$$= ([ABR] \cap [ACQ] \cap [ADP']) \cap [BCP] \cap [BDQ'] \cap [CDR']$$

$$= ([ABR] \cap [ACQ]) \cap [BCP] \cap [BDQ'] \cap [CDR']$$

$$= ([BCP] \cap [ABR] \cap [BDQ']) \cap [ACQ] \cap [CDR']$$

$$= ([BCP] \cap [ABR]) \cap [ACQ] \cap [CDR']$$

$$= ([ACQ] \cap [BCP] \cap [CDR']) \cap [ABR]$$

$$= ([ACQ] \cap [BCP]) \cap [ABR]$$

$$= [ABR] \cap [ACQ] \cap [BCP]$$

となって，これら三平面の共通部分と一致し，それは1点である．

これをOとおく．

(6)，(7)，(8)より，OはAA′，BB′，CC′上にある．

また，

$$[BCP] \cap [ADP'] = PP',$$

$$[ACQ] \cap [BDQ'] = QQ',$$

$$[ABR] \cap [CDR'] = RR'$$

なので，OはPP′，QQ′，RR′上にある．

さいごに

$$[ADP'] \cap [BDQ'] \cap [CDR'] = DD'$$

ゆえ，OはDD′上にある．

証明終

注意 この証明を見ると，(イ)は，（チェバの定理を使わなくても）(ロ)の証明途中から導かれることがわかる．じっさい，六つの平面の共通部分として点Oが定まるので，とくにOは，

$$[ADP'] \cap [BDQ'] \cap [CDR']$$

にふくまれる．この集合は点Dも含むので

$$[ADP'] \cap [BDQ'] \cap [CDR'] = OD$$

である．ODと平面[ABC]の交点をD′とすると，AP′，BQ′，CR′はD′

をとおる．ゆえに AP′，BQ′，CR′ は一点で交わる．

なお，定理11.4もデザルグの定理と同様に，射影平面上の射影幾何学的定理である．

⑪.6 双対平面と双対定理

元に戻って，射影平面の斉次座標について再考察しよう．§11.3の(4)で見たように，射影平面上の直線の方程式は

$$aX + bY + cZ = 0$$

(a, b, c はどれか一つはゼロでない定数) であたえられる．また，(5)で見たように，直線の方程式

$$a'X + b'Y + c'Z = 0$$

が上の直線と同じ直線の方程式であるのは

$$a' = ar, \quad b' = br, \quad c' = cr$$

となる．0でない数 r が存在するとき，そのときのみである．つまり，直線は連比 $(a:b:c)$ で決まる．

この性質は，射影平面の斉次座標 $(X:Y:Z)$ とよく似ている．

そこで（発想を転換して）「直線を点と思うことにより」射影平面 $P^2(R)$ の直線全体の集合を考え，これに斉次座標 $(a:b:c)$ を入れることにより，新しい射影平面と考える．

これを，元の射影平面 $P^2(R)$ の**双対平面**とよび，$P^2(R)^*$ と書く．

式 $$aX + bY + cZ = 0$$

は，(X,Y,Z) と (a,b,c) について対称なので，「双対平面の直線は，元の射影平面の点とみなせる．」

じっさい，双対平面の直線は，元の射影平面上では，ある定点をとおる直線全体の集合であり，その集合をその定点と同一視すればよい．

これより「双対平面の双対平面は，元の射影平面である．」

元の射影平面上に（直線でない）曲線 Γ があたえられたとき，その曲線の各点での接線全体の集合を，双対平面の部分集合と考えると，これは双対平面上の曲線になる．この曲線を Γ の**双対曲線**とよび Γ* であらわす．

◀**命題 11.1**▶　既約な二次曲線 Γ の双対曲線 Γ* は，既約な二次曲線である．さらに $(Γ^*)^* = Γ$ である．

●**証明**●　既約な二次曲線 Γ が，方程式

$$ax^2 + 2hxy + by^2 + 2gx + 2fy + c = 0$$

であたえられているとすれば，その斉次形は，$x=X/Z$，$y=Y/Z$ とおいて代入し，分母を払った

$$aX^2+2hXY+bY^2+2gXZ+2fYZ+cZ^2=0$$

である．

いま，点 $(X_0:Y_0:Z_0)$ が Γ 上の点とすると，

$$aX_0^2+2hX_0Y_0+bY_0^2+2gX_0Z_0+2fY_0Z_0+cZ_0^2=0 \qquad\cdots(9)$$

である．この点での Γ の接線の方程式は，§10.2, (1)で書いた，極線の方程式（を斉次化した式）と同じで

$$(aX_0+hY_0+gZ_0)X+(hX_0+bY_0+fZ_0)Y+(gX_0+fY_0+cZ_0)Z=0$$

である．いま

$$aX_0+hY_0+gZ_0=U,$$
$$hX_0+bY_0+fZ_0=V,$$
$$gX_0+fY_0+cZ_0=W$$

とおき，これらを未知数 X_0，Y_0，Z_0 の連立一次方程式とみなして解けば，既約性の仮定より行列式

$$\begin{vmatrix} a & h & g \\ h & b & f \\ g & f & c \end{vmatrix}$$

がゼロでない（定理 8.5）ので，解が (U,V,W) の斉次一次式として定まる：

$$X_0=p_1U+p_2V+p_3W,$$
$$Y_0=q_1U+q_2V+q_3W,$$
$$Z_0=r_1U+r_2V+r_3W.$$

これらを(9)に代入すれば，(U,V,W) に関する斉次二次式がえられる．$(U:V:W)$ は，

$$UX+VY+WZ=0$$

なので，双対空間の斉次座標である．結局，Γ^* は双対空間上の二次曲線である．

Γ^* の既約性は，Γ の3本の接線が1点をとおることがないことから，わかる．じっさい，もし Γ^* が可約とすると，Γ^* は二直線の和集合になるが，それは，Γ の接線が連続的に動くとき，同一の定点をとおらねばならないことを意味し，矛盾である．

さいごに，$(\Gamma^*)^*=\Gamma$ を示す．

p^* を Γ^* の点とすると，p^* は元の Γ の点 p での Γ の接線 ℓ に対応している：$p^*=\ell$．

Γ^* の p^* 以外の点 q^* をとり，q^* が Γ の点 q での Γ の接線 m に対応しているとする：$q^*=m$．

このとき Γ^* の割線 p^*q^* は，Γ の ℓ と m の交点 r に対応している：$p^*q^*=r$．（図11.15）

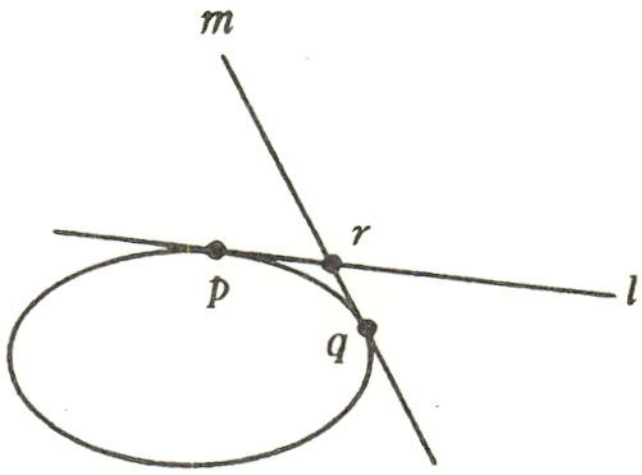

さて，q^* が p^* に限りなく近づいてゆくと，p^*q^* は，p^* での Γ^* の接線 ℓ^* に限りなく近づいてゆく．一方，このとき，q したがって r は，p に限りなく近づいてゆく．ゆえに，ℓ^* は点 p に対応している：$\ell^*=p$．

ゆえに $(\Gamma^*)^*=\Gamma$ である．　　　　　　　　　　　　　　　　　　　証明終

図11.15

注意　一般に，斉次 n 次多項式の零点集合と定義される，**n 次代数曲線** Γ に対しても，それが既約な場合，Γ^* も**既約代数曲線**となるが，n 次とは限らない．しかし，$(\Gamma^*)^*=\Gamma$ であることは，上と同様の方法で示される．

さて，いくつかの点と，いくかの直線と，いくつかの既約二次曲線に関する射影幾何学的定理があるとき，これらが置かれている平面が元の射影平面でなく，その双対平面であると考え，その定理を元の射影平面の言葉で読み換えると，新しい射影幾何学的定理がえられる．これを元の定理の**双対定理**とよぶ．あきらかに，

「元の定理がなりたてば，双対定理もなりたつ．双対定理の双対定理は，元の定理である．」

これが**一般的な双対原理**で，§10.5 のポンスレーの双対原理は，これの特別な場合（既約二次曲線が一個の場合）である．

双対定理の例をあげよう．次の定理の証明は，次節の演習問題（演習問題 12.2）になっている：

定理11.5

三つの既約二次曲線 Γ_1, Γ_2, Γ_3 が二点 P, Q をとおるとする．Γ_1 と Γ_2 の，P, Q 以外の交点を R, S とし，Γ_2 と Γ_3 の，P, Q 以外の交点を T, U とし，Γ_3 と Γ_1 の，P, Q 以外の交点を V, W とする．このとき，三直線 RS, TU, VW は一点で交わる（図11.16）．

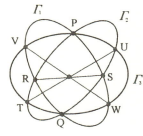

図11.16

この定理の双対定理は次である：

> **定理 11.5***
> 三つの既約二次曲線 Γ_1, Γ_2, Γ_3 が，ことなる二直線 p，q に同時に接しているとする．Γ_1 と Γ_2 の p，q 以外の共通接線を r，s とし，その交点をAとする．Γ_2 と Γ_3 の p，q 以外の共通接線を t，u とし，その交点をBとする．Γ_3 と Γ_1 の p，q 以外の共通接線を v，w とし，その交点をCとする．
> このとき，点A，B，Cは一直線上にある（図11.17）．

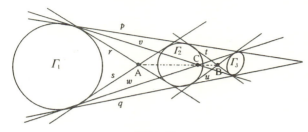

図11.17

デザルグの定理の双対定理は，デザルグの定理自身である．すなわち，デザルグの定理は自己双対定理である．

演習問題 11.3 定理11.4 の双対定理を述べよ．

第12節 三次曲線の神秘

12.1 二次曲線のパラメーター族

二次曲線について復習しておこう．2変数 (x, y) に関する二次式
$$f(x, y) = ax^2 + bxy + cy^2 + dx + ey + h$$
(a, b, c, d, e, h は定数) を用いた方程式
$$f(x, y) = 0 \qquad \cdots(1)$$
をみたす点 (x, y) の集合Cを二次曲線とよぶ．$f(x, y)$ が
$$f(x, y) = (一次式) \times (一次式)$$
と因数分解されるとき，Cを可約とよび，このように因数分解されないとき，Cを既約とよぶ．可約のときはCは2直線の和集合か，(それらが一致するとき，二重の) 直線である．これらをCの成分とよぶ．Cが既約のときは円錐曲線となる．すなわち座標系 (x, y) を適当にとると，

楕 円：$\dfrac{x^2}{a^2} + \dfrac{y^2}{b^2} = 1$ $(a, b > 0)$

双曲線：$\dfrac{x^2}{a^2} - \dfrac{y^2}{b^2} = 1$ $(a, b > 0)$

$\qquad\qquad\qquad\qquad\cdots(2)$

放物線：$y^2 = 4px$ $\quad(p > 0)$

のいずれかに一致する．

注意すべきは，これらの**標準形**が1つの二次曲線Cに関する主張であることである．二次曲線が2つ (以上) 同時にあたえられ，それらの位置関係などを問題にするときは，たとえ片方の曲線の方程式を(2)の標準形にしても，もう一方の曲線の方程式がどのようになるかわからない．

図12.1

2つの二次曲線CとDは，ふつうは高々4点で交わる（図12.1）．もし，5点以上で交わるときは，これらは可約で成分を共有せねばならない．

さて，次の問題を考えよう：

問題12.1 2つの二次曲線
$$C : x^2 + 9y^2 - 1 = 0 \quad \cdots(3)$$
$$D : 5x^2 + 5y^2 - 6xy - 2 = 0 \quad \cdots(4)$$
の4つの交点すべてをとおり，さらに点 (1, 1) をとおる二次曲線の方程式を求めよ．

解答 CとDは共に楕円で，Dの方は楕円
$$x^2 + 4y^2 - 1 = 0$$
を45°回転させたものである（図12.2）．

CとDの交点は，図12.2よりちょうど4点あるが，それらは連立方程式(3), (4)を解けば得られる．しかし解は二重根号の式であらわされ複雑なので，交点の座標を求めない方法で問題を解こう．

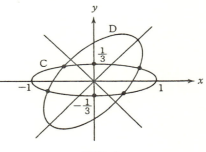

図12.2

tをパラメーターとして，CとDより生成される二次曲線のパラメーター一族
$$C_t : (x^2 + 9y^2 - 1) + t(5x^2 + 5y^2 - 6xy - 2) = 0$$
を考えよう．tを固定すると，二次曲線C_tはあきらかに，CとDの4交点 $\{P_1, P_2, P_3, P_4\}$ 全てをとおる．C_tが点 (1, 1) をとおるのは
$$(1 + 9 - 1) + t(5 + 5 - 6 - 2) = 0$$
すなわち $t = -\dfrac{9}{2}$ のときである．つまり $m = -\dfrac{9}{2}$ とおくとき
$$C_m : (x^2 + 9y^2 - 1) - \dfrac{9}{2}(5x^2 + 5y^2 - 6xy - 2) = 0$$
すなわち
$$C_m : 43x^2 + 27y^2 - 54xy - 16 = 0$$
が求めるべき二次曲線（実は楕円）である．

条件をみたす二次曲線はC_mに限る．じっさい，C'を条件をみたす二次曲線とすると，C'とC_mは5点$P_1, P_2, P_3, P_4, (1, 1)$で交わる．これ

は $C'=C_m$ か,または C' と C_m が共に可約で直線を共通の成分としていることを意味する.C_m が楕円なので,それはあり得ない.したがって $C'=C_m$ である.しかし,$C'=C_m$ となることを,(この特別な問題の場合に限らない)一般の場合に通用する議論で示そう:C' と C_m が直線 L を共通部分としていると仮定する.L は C と D の4交点 $\{P_1, P_2, P_3, P_4\}$ のうち,2交点,たとえば $\{P_1, P_2\}$ しか含まない.(もし3交点を L が含めば,直線 L は二次曲線 C および D と3点で交わるので,L はこれらの共通成分となり矛盾である.)C' と C_m の L 以外の成分は共に直線で,それらは $\{P_3, P_4\}$ を含まねばならないので,それらも一致せねばならない.結局この場合も $C'=C_m$ となる.

以上の議論と同様の議論で,次の命題が証明される:

◀**命題 12.1**▶ 2つの二次曲線 $C: f(x, y)=0$ と $D: g(x, y)=0$ がちょうど4点で交わっているとする.これら4交点すべてをとおる(D以外の)二次曲線は,C と D より生成される二次曲線のパラメーター族
$$C_t: f(x, y)+tg(x, y)=0$$
に入る.

演習問題 12.1 放物線 $y=x^2$ と双曲線 $10x^2-y^2-5=0$ の4つの交点すべてをとおり,点 $(0, 5)$ をとおる二次曲線の方程式を求めよ.

(12.2) ニュートンによる三次曲線の分類

二次曲線はギリシャ時代から近代まで,たくさんの人々によって研究され,たくさんの美しい性質が発見されてきた.

それでは三次曲線はどうであろうか.三次曲線は近代まで,ほとんど研究されなかった.近代において三次曲線を正面から研究したのは,ニュートンが最初である.ニュートンは三次曲線を分類した.ニュートンの結果を以下に述べる:

変数 (x, y) についての三次式
$$f(x, y)=ax^3+bx^2y+cxy^2+dy^3+a'x^2+b'xy+c'y^2+a''x+b''y+c''$$
($a, b, c, d, a', b', c', a'', b'', c''$ は定数) に対し方程式
$$f(x, y)=0 \qquad \cdots (5)$$
であたえられる (x, y) 平面上の曲線 C を**三次曲線**とよぶ.$f(x, y)$ が
$$f(x, y)=(一次式)\times(一次式)\times(一次式)$$

または
$$f(x, y) = (一次式) \times (二次式)$$
と因数分解されるとき，Cを**可約**とよび，因数分解されないとき**既約**とよぶ．可約のときはCは3直線（一致することもある）の和集合か，直線と円錐曲線の和集合になる．これらをCの**成分**とよぶ．（逆にそのような集合が可約な三次曲線である．）

Cが既約のときは，その方程式は，てきとうな座標変換により，次の4つの形（**標準形**）のどれかになる：

$$y = ax^3 + bx^2 + cx + d \qquad \cdots(6)$$
$$y^2 = ax^3 + bx^2 + cx + d \qquad \cdots(7)$$
$$xy = ax^3 + bx^2 + cx + d \qquad \cdots(8)$$
$$xy^2 + hy = ax^3 + bx^2 + cx + d \qquad \cdots(9)$$

ただし，a, b, c, d, h は定数で，(6), (7)では $a \neq 0$，(8)では $a \neq 0$, $d \neq 0$ をみたし，(9)では $c^2 + b^2 \neq 0$ および $a^2 + b^2 \neq 0$（または $a = b = 0$ のときは $ch^2 \neq d^2$）をみたすとする．

これがニュートンの分類である．ニュートンは1704年の光学に関する有名な論文の付録として，この分類を論じ，さらに(6)～(9)の各々の場合について，係数の正負の変化などによる曲線の形状を詳細に議論して，78通りの分類を得ている．

既約三次曲線Cは既約二次曲線の場合と違って，**特異点**を持ち得る．たとえば(7)のタイプの三次曲線
$$y^2 = x^3$$
は図12.3のような曲線で，原点Oが**カスプ**（尖点）とよばれる特異点である．

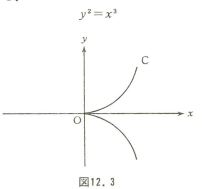

図12.3

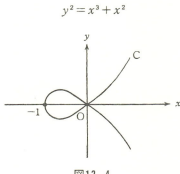

図12.4

第2章 円錐曲線の幾何学

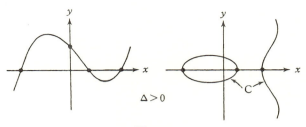

$\Delta > 0$

図12.5

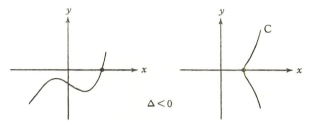

$\Delta < 0$

図12.6

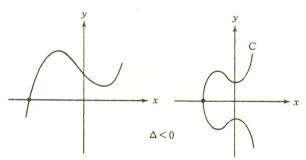

$\Delta < 0$

図12.7

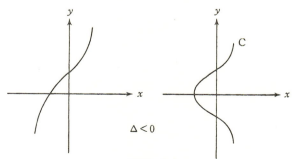

$\Delta < 0$

図12.8

また，同じく(7)のタイプの三次曲線

$$y^2 = x^3 + x^2$$

は図12.4のような曲線で，原点 O が**ノード**（通常二重点）とよばれる特異点である．

　実は，既約三次曲線は大抵の場合特異点がなく，特異点が生じるときは唯一の特異点が生じるだけで，それは上のカスプかノードに限られることが知られている．（4次または高次の既約曲線には，もっと複雑な特異点があらわれる．）

　なお，(7)のタイプの三次曲線で特異点のないものは，4種に分かれ，$a > 0$ の場合は図12.5〜図12.8の各右図であらわされる．

　図12.5〜図12.8の各左図は，三次関数

$$y = ax^3 + bx^2 + cx + d$$

のグラフ（(6)のタイプの三次曲線）である．右図が対応する(7)のタイプの三次曲線

$$C：y^2 = ax^3 + bx^2 + cx + d$$

をあらわす．(7)のタイプで特異点がないとは，三次方程式

$$ax^3 + bx^2 + cx + d = 0$$

が重解をもたないことと同値になる．図12.5〜図12.8で，Δ はこの三次方程式の**判別式**を意味する：解を α, β, γ とするとき

$$\Delta = (\alpha - \beta)^2 (\beta - \gamma)^2 (\gamma - \alpha)^2$$
$$= \frac{1}{a^4}(b^2c^2 + 18abcd - 4ac^3 - 4b^3d - 27a^2d^2)$$

(12.3)　三次曲線の神秘

　二次曲線が三次曲線に変わったとて，なにほどのことがあろうかと思うかもしれない．ところがさにあらず，三次曲線は二次曲線に比べて，比較にならない程むずかしく，興味深く，神秘的ですらある．未解決の謎もいろいろある．大げさに言えば，近世数学は三次曲線の研究が一つのポイントになっていると言えるくらいである．

　この節で以下にその大略を述べるが，見慣れない数学用語がいろいろ出てくるので，その箇所は読み飛ばして頂きたい：ガウス（1777-1855），アーベル（1802-1829），ヤコービ（1804-1851）による楕円関数の発見は，複素変数，複素数値の関数つまり複素関数を考えざるを得なくし，コーシー（1789-1857）の複素関数論建設へとつながった．複素関数論の立場からは，楕円

関数とは二重周期をもつ有理型関数であると認識（定義）され，ワイヤシュトラース (1815-1897) が任意にあたえられた二重周期をもつ楕円関数—$\wp$ 関数（ペー関数）を発見した．$\wp$ は次の微分方程式をみたす：

$$\wp'^2 = 4\wp^3 - g_2 \wp - g_3 \quad (\wp' \text{ は } \wp \text{ の導関数})$$

(g_2, g_3 は周期で決まる定数で，判別式 $g_2^3 - 27g_3^2 \neq 0$ をみたす．）複素平面 $\mathbf{C}$ から複素射影平面 $\mathbf{P}^2(\mathbf{C})$（前節で述べた射影平面は実数の連比 (X：Y：Z) 全体だったが，複素数の連比 (X：Y：Z) 全体が**複素射影平面**である．）への写像

$$\Phi : z \in \mathbf{C} \longmapsto (X : Y : Z)$$
$$= (\wp(z) : \wp'(z) : 1) \in \mathbf{P}^2(\mathbf{C})$$

は，その像が特異点のない複素三次曲線

$$E : y^2 = 4x^3 - g_2 x - g_3 \qquad \cdots (10)$$

（(x, y) は複素変数）である．Φ は $\mathbf{C}$ から E への被覆写像をあたえ，E はこれによって，トーラス（図12.9）の構造を持つことがわかる．トーラスは加群なので，三次曲線 E は加群の構造を持つ．E 上の 2 点 P，Q の和 P+Q は図12.10のようにあたえられる．すなわち直線 PQ（P＝Q のときはその点での接線）と E が再び交わる点を R' とし，R' の x 軸に関する対称点を R とするとき

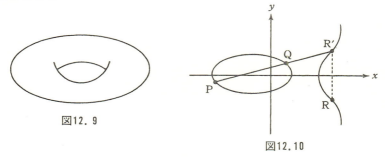

図12.9　　　　　　　　　図12.10

$$P + Q = R$$

とするのである．（この加群のゼロは，無限遠点 (X：Y：Z) = (0：1：0) である．）

逆に(10)の方程式であたえられる特異点のない複素三次曲線 E は，適当な周期による $\wp$-関数を用いた写像 Φ による像になるので，トーラスとなり加群の構造を持つ．

とくに(10)の三次曲線 E の定義方程式における係数 g_2, g_3 が有理数のとき，E は数論で非常に重要な研究対象になる．興味深い不思議な性質がいろいろ

発見されているが，また謎も多く残されている．

たとえば，E 上の**有理点**（x, y が共に有理数となる点 (x, y)）全体（とゼロ）E(**Q**) は，加群 E の部分加群になる．「E(**Q**) は有限生成である」ことをモデルが証明したが，そのランクがある種の数論的量であらわされるであろうとの予想（バーチースインネルトンダイヤー予想）は未解決問題である．

また，g_2, g_3 が有理数である E に関して，志村―谷山―ヴェーユ予想とよばれる予想があったが，その主要部分を解決することにより，1994年にワイルスが400年来の難問であったフェルマー予想（$X^n + Y^n = Z^n$ をみたす自然数の組（X, Y, Z）は $n \geq 3$ のとき存在しない）を解いた．（志村―谷山―ヴェーユ予想自体は，1999年にブロイル―コンラッド―ダイヤモンド―テーラーによって証明された．）

なお，g_2, g_3 が有限体にぞくする E は近年，暗号理論に応用され注目を集めている．

(12.4) 三次曲線のパラメーター族

話を三次曲線の幾何学に戻そう．成分を共有しない2つの三次曲線
$$C : f(x, y) = 0, \quad D : g(x, y) = 0$$
の交点数は，たかだか9個である（図12.11）．これは方程式 $f=0$ と $g=0$ から y を消去すると，x について9次方程式（9次より低次になることもある）が得られるからである．消去するときの一般的方法として，終結式というものを用いる方法があるが，ここでは説明を省略する．命題 12.1 と同様に次が示される：

図12.11

◀命題 12.2▶ 2つの三次曲線 $C : f(x, y) = 0$ と $D : g(x, y) = 0$ がちょうど9点で交わっているとする．これら9個の交点すべてをとおる（D 以外の）三次曲線は，C と D で生成される**三次曲線のパラメーター族**
$$C_t : f(x, y) + tg(x, y) = 0$$
に入る．

しかるにオイラー（1707-1783）は，この命題をさらに改良した次の定理を証明している：

定理 12.1（オイラー）

2つの三次曲線 $C: f(x, y) = 0$ と $D: g(x, y) = 0$ がちょうど9点で交わっているとする．これら9個の交点のうち8個をとおる三次曲線は，残る1点をもとおり，CとDで生成される三次曲線のパラメーター族に入る．

この定理の証明は代数的な準備が必要なので，ここでは省略する．（文献 [11] 参照）

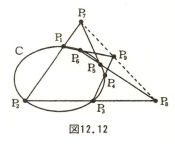

図12.12

この定理より，パスカルの定理が導かれる：Cを二次曲線とし，Cに内接する六辺形 $P_1P_2P_3P_4P_5P_6$ を考える（図12.12）．$P_1P_2 = L_1$，$P_2P_3 = L_2$，$P_3P_4 = L_3$，$P_4P_5 = L_4$，$P_5P_6 = L_5$，$P_6P_1 = L_6$ とおく．また，L_1 と L_4 の交点を P_7，L_2 と L_5 の交点を P_8，L_3 と L_6 の交点を P_9 とおく．

パスカルの定理は，P_7，P_8，P_9 が一直線上にあると主張する定理である．

これを示すには，L_1，L_3，L_5 の和集合である（可約な）三次曲線 D と，L_2，L_4，L_6 の和集合である（可約な）三次曲線 E を考えればよい：
$$D = L_1 \cup L_3 \cup L_5, \quad E = L_2 \cup L_4 \cup L_5$$
DとEの交点は，ちょうど9点 $P_1, \cdots, P_9$ である．いま，Cと直線 P_7P_8 の和集合である（可約な）三次曲線 C' を考えると，C' は $P_1, \cdots, P_8$ を含む．ゆえに定理1より C' は P_9 を含む．P_9 はCに含まれないので，直線 P_7P_8 上にある．

これでパスカルの定理が示された．この証明と同様の方法で次が示される：

系 2つの三次曲線CとDがちょうど9点で交わっているとする．その9点中6点が1つの二次曲線上にあれば，残りの3点は一直線上にある．

演習問題 12.2 （これは，定理11.5の主張を，記号を変えて述べたものである．）3つの既約二次曲線 C, D, E が2点 P, Q を共有するとする．
$C \cap D = \{P, Q, R, S\}$，$D \cap E = \{P, Q, T, U\}$，
$E \cap C = \{P, Q, V, W\}$
とおく．このとき，3直線 RS, TU, VW は1点で交わることを示せ．（ヒント：定理12.1を用いる．）

二次曲線，三次曲線についての上記の命題12.1，命題12.2，定理12.1は，

n 次曲線（n 次**代数曲線**ともよぶ）についても同様に成り立つ．とくに定理 12.1 と同様に次の定理が成り立つ：

定理 12.2

2 つの n 次曲線 $C : f(x, y) = 0$ と $D : g(x, y) = 0$ がちょうど n^2 個の点で交わっているとする．これら n^2 個の交点中，$n^2 - n + 2$ 個の点をとおる n 次曲線は，残りの $n - 2$ 個の点もとおり，C と D で生成される n 次曲線のパラメータ族

$$C_t : f(x, y) + tg(x, y) = 0$$

に入る．

代数曲線を代数的に研究するには，これを複素射影平面 $\mathbf{P}^2(\mathbf{C})$ の中で考えて，複素代数曲線とみなすのが自然な方法である．こう考えることにより代数学の強力な手段が使えて，深い結果が得られる．さらに高次元の代数多様体の研究も同様である．幾何学と代数学がこのように結びついているのである．

◎ 演習問題の解答 ◎

1.1 定理1.4は図1.10からわかるように，次のように書き換えられる．証明は，定理1.4の証明で，AとH，EとFを交換すればよい．

定理1.4′ ∠Aを鈍角とする鈍角三形角△ABCの各頂点から対辺またはその延長上に下した垂線の足を，それぞれD，E，Fとすると，頂点Aは△DEFの内心となる．

この三角形△DEFを，やはり△ABCの垂足三角形とよぶ．定理1.5と全く同様に

定理1.5′ 鈍角三角形△ABCの垂足三角形を△DEFとする．辺AC，ABに関するDの対称点をそれぞれD′，D″とするとき，D′，E，F，D″は一直線上にある．

証明 ∠Aが鈍角の場合を証明する．（他の場合の証明も同様である．）図A.1において，（定理1.4′より）ACは∠DEFの二等分線である．ゆえに，ACに関するDの対称点D′は，EF上またはその延長上にある．すなわちE，F，D′は一直線上にある．D″についても同様である．

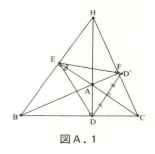

図A.1

証明終

1.2 もし，動点P，Q，Rが辺AB，BC，CA上でなく，「辺もしくはその延長上を動く」とするならば，PQ+QR+RPを最小にする点P，Q，Rは，P=D，Q=E，R=F（垂足三角形の足）のとき，そのときのみであることが，（鋭角三角形の場合に定理1.5を用いたのと同様の方法で）定理1.5′（演習問題1.1の解答）を用いて示される．

しかし今の場合，動点P，Q，Rは，それぞれ辺AB，BC，CA上に限定されている．

答は，∠Aが鈍角のとき，
$$Q=R=A, \quad P=D$$
である．

じっさい，図A.2において，Pを辺BC上に固定し，Q，Rが辺AC，AB上を動くものとする．AC，ABに関するPの対称点をそれぞれP′，P″とするとき，
$$PQ+QR+RP=P'Q+QR+RP'' \geq P'A+AP''$$

159

である．(この不等式は，∠P'AP''=2∠A>
180°よりわかる．)そしてP'A+AP''=2APで
ある．ゆえにQ=R=Aのとき，そのときのみ，
最小値2APをとる．今度はPを動かして，P
がAから垂線の足Dに等しいとき，そのときの
み，2APが最小になる．

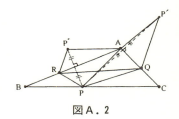

図A.2

2.1 BCの中点Lから，△ABCの外接円のAでの
接線lに垂線を下ろし，その足をZとおく．OAも
lに垂直なので，OAとLZは平行である（図A.3）．
一方，OLとADは（共にBCに垂直なので）平行
である．ゆえに，図A.3において，四角形AOLU
は平行四辺形である．とくに，AU=OLとなり，
定理2.3より，UはAHの中点である．ゆえに，
OLとUHは平行で長さが等しく，四角形UOLH
は平行四辺形となって，対角線は互いに他を二等分
する．この対角線の交点は，定理2.7より，九点円の中心に他ならない．

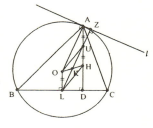

図A.3

証明終

2.2 図A.4において，四角形ABPXは円に内接してい
るので，∠Aの外角と，∠XPBが等しい．一方，
(∠PSB=∠PQB=90°ゆえ)四角形PQBSは円に内接
する．ゆえに，∠XPB=∠BSQ．これより，直線ABに
対するXAとQSの(交点での)同位角が等しい．ゆえに，
XAとQSは平行である．

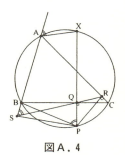

図A.4

3.1 方程式 $4x^3-3x+\dfrac{44}{125}=0$
の有理数解を見付ける．両辺に125をかけると
$$500x^3-375x+44=0.$$
有理数解xがあるとして，それを$x=\dfrac{n}{m}$（m，nは互いに素な整数）とおいて代
入し，分母を払うと
$$500n^3-375nm^2+44m^3=0.$$
ゆえに $500n^3=m(375nm-44m^2)$．
これより，mは500の約数である．また，この式は
$$44m^3=n(375m^2-500n^2)$$
とも書けるので，nは44の約数である．これらの条件をみたすm，nの中から，

n/m が解となるものを探すと,
$$x=\frac{4}{5}$$
とわかる.すなわち
$$\cos\frac{\alpha}{3}=\frac{4}{5}$$
なので,$\frac{\alpha}{3}$ は作図可能である.

なお,方程式の他の2解は,次であたえられる:
$$\cos\left(\frac{\alpha}{3}+120°\right)=\frac{-4-3\sqrt{3}}{10},\quad \cos\left(\frac{\alpha}{3}+240°\right)=\frac{-4+3\sqrt{3}}{10}.$$

3.2 図A.5のように,△ABCの各辺を一辺とする正三角形を外側に描き,その中心をD,E,Fとおく.BC=a,CA=b,AB=c とおき,△DEFの各辺を,a,b,c であらわすことを考える.

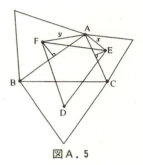

図A.5において,AF=y,AE=x とおけば,∠EAC=30°,∠FAB=30° なので,
$$x\cos30°=\frac{b}{2},\quad y\cos30°=\frac{c}{2}.$$
ゆえに
$$x=\frac{b}{\sqrt{3}},\quad y=\frac{c}{\sqrt{3}}.$$

図A.5

△AEFに関する余弦定理より,(∠A=α とおいて)
$$\begin{aligned}
\mathrm{EF}^2 &= x^2+y^2-2xy\cos(\angle\mathrm{EAF}) \\
&= \frac{b^2+c^2}{3}-\frac{2}{3}bc\cos(\alpha+30°+30°) \\
&= \frac{b^2+c^2}{3}-\frac{2}{3}bc\{\cos\alpha\cos60°-\sin\alpha\sin60°\} \\
&= \frac{b^2+c^2}{3}-\frac{2}{3}bc\left\{\frac{1}{2}\cos\alpha-\frac{\sqrt{3}}{2}\sin\alpha\right\} \\
&= \frac{b^2+c^2-bc\cos\alpha}{3}+\frac{2\sqrt{3}}{3}\left(\frac{1}{2}bc\sin\alpha\right) \\
&= \frac{b^2+c^2-bc\cos\alpha}{3}+\frac{2\sqrt{3}}{3}S,\quad (S\text{ は}\triangle\mathrm{ABC}\text{ の面積}).
\end{aligned}$$

ここで,△ABCの余弦公式
$$\cos\alpha=\frac{b^2+c^2-a^2}{2bc}$$
を上式に代入すると
$$\mathrm{EF}^2=\frac{a^2+b^2+c^2}{6}+\frac{2\sqrt{3}}{3}S.$$

ゆえに，
$$EF = \sqrt{\frac{a^2+b^2+c^2}{6} + \frac{2\sqrt{3}}{2}S}$$
となる．この式は，a, b, c について対称な式なので，DE, FD も同じ式であらわされ，
$$EF = DE = FD$$
となって，△DEF は正三角形である．

なお，上の計算で，∠A=α が120°より大きいときは，∠EAF=α+60° を，360°−(α+60°) で取り換える必要が生じるが，
$$\cos(360° - (\alpha+60°)) = \cos(\alpha+60°)$$
なので，その後の計算は同じになる．

なお，この演習問題の主張は**「ナポレオンの定理」**とよばれているそうである．あのナポレオンは，数学好きで知られているので，彼が本当に発見したのかも知れない．

4.1 ビリヤード台を，辺を軸につぎつぎの鏡映することにより，図A.6の図を考える．（左下の隅の小さい直角三角形が元のビリヤード台である．）図A.6の矢印の方向に球を突けばよい．答は二つある．

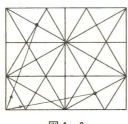

図A.6

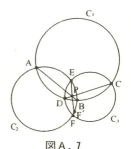

図A.7

4.2 図A.7のように，円 C_1 と円 C_2 の交点を A, B とおき，C_1 と円 C_3 の交点を C, D とおき，C_2, C_3 の交点を E, F とおく．さらに，AB と CD の交点を P とおき，EP と円 C_2 の（E以外の）交点を F' とおく．F'=F を示せばよい．方巾の定理より
$$EP \cdot PF' = AP \cdot PB = CP \cdot PD.$$
方巾の定理の逆定理より，F' は C_3 上の点になる．故に F' は C_2 と C_3 の両方の点になって，F'=F となる．（割線でなく，接線の場合の証明も，同様である．）

4.3 定理4.2の証明と同様である．すなわち，たとえば，$e_5 = 5r_5$ を示すために，

図 4.18 の点 A から C_5 への接線を引き，A から接点までの長さを r とおく。A 中心，半径 r の円 O を考え，円 O に関する反転 α を考える。定理 4.2 の証明と同様の議論により，α による像は，図 A.8 のようになる。図 A.8 より，あきらかに，$e_5 = 5r_5$ である。

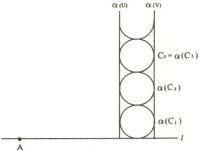

図 A.8

4.4 たとえば，E_3 について，その関係を求めるために，図 4.19 において，点 A から円への接線を引き，A から接点までの長さを r とおく。A 中心，半径 r の円 O を考え，円 O に関する反転 α を考える。定理 4.2 の証明と同様の議論により，α による像は，図 A.9 のようになる。

図 A.9 において，$E_3 = \alpha(E_3)$ の直径が，$\alpha(W)$ の直径の 1/4 であることが，ピタゴラスの定理を用いて容易にわかる。ゆえに，E_3 の中心から ℓ に下した垂直の長さは，E_3 の直径の 10 倍となる。

同様の議論で，D_n（または E_n）（$n=1, 2, \cdots$）の中心から ℓ に下した垂線の長さは，D_n（または E_n）の直径の $4n-2$ 倍となる。

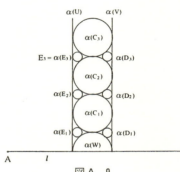

図 A.9

なお，図 A.10 において，半径 1 の二円 C，C′ と直線に接するように円 F_1 を描き，さらに C，C′ に接するように円 F_2，F_3，$\cdots$ を次々に接するように描くと，F_1，F_2，F_3，$\cdots$，F_n，$\cdots$ の半径は，順に
$$\frac{1}{4}, \frac{1}{12}, \frac{1}{24}, \cdots, \frac{1}{2n(n+1)}, \cdots$$
であることがわかる。

また，図 A.10 の $F_1 = F_1'$ から始めて，別方向に次々と接する円 F_1'，F_2'，F_3'，$\cdots$，F_n'，$\cdots$ を描く（図 A.11）と，それらの半径は順に
$$\frac{1}{4}, \frac{1}{9}, \frac{1}{16}, \cdots, \frac{1}{(n+1)^2}, \cdots$$

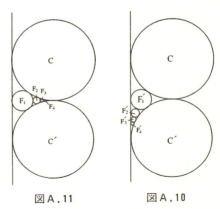

図 A.11　　　図 A.10

となる．

これらはピタゴラスの定理を用いて順々に計算してゆくと得られる．読者自ら，確めて下さい．

5.1 三円 C_1, C_2, C_3 が2つづつ互いに交わっている場合は，（根軸と共通割線が一致するので）演算問題 4.2 の主張に他ならない．

いま，C_1 と C_2 が交わらないとする．C_1 と C_2 の根軸 ℓ_{12} は，両者のどちらにも交わらない直線である．それゆえ，C_2 と C_3 の根軸 ℓ_{23} と ℓ_{12} の交点 P は（C_1 および）C_2 の外にあり，したがって C_3 の外にある（図A.12）．

P から C_1 への接線の長さと，P から C_2 への接線の長さが等しく，それはまた，P から C_3 への接線の長さにも等しい．これより P は，C_1 と C_3 の根軸 ℓ_{13} 上にあることがわかる．（図A.12では C_2 と C_3 が交わっているが，交わっていない場合も議論は同じである．）

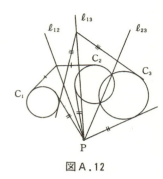

図A.12

5.2 図5.12において，F と F' をとおる円 C（半径 r_1）の中心 P は，直線 m 上にある．F と F' を焦点とする双曲的円系にぞくする円 D（半径 r_2）に，P から接線を引き，接点を R とすると

$$r_1^2 = PF^2 = PR^2 = PQ^2 - r_2^2$$

（図A.13）．この式は，円 C と円 D が直交していることを意味する．

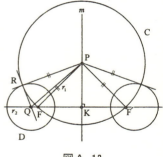

図A.13

6.1 答は正三角形である．その理由は，問題 6.4 の解答1と同様に，以下のように述べられる．定円に内接する三角形 △ABC を考え，その周の長さを L とする．△ABC が正三角形でないとすると，

$$AB > \frac{L}{3} > AC$$

と仮定してよい．B, C を固定して，頂点 A を円周上に動かすことを考える．図A.14のように BM=CM となる点 M まで働かすとき，問題 6.4 の解答1と同様に，弧 $\widehat{AM}$ 上に点 A' があって，

$$A'B = \frac{L}{3} \text{ か，または } A'C = \frac{L}{3}$$

となる．そしてこのとき，面積において

$$\triangle \text{A}'\text{BC} > \triangle \text{ABC}$$

である．

次に，$\triangle \text{A}'\text{BC}$ が正三角形でなければ，$L/3$ に等しい辺を底辺として，今と同じ議論を行えば，今度は $\triangle \text{A}'\text{BC}$ より面積が大きく，円に内接する正三角形がえられる．

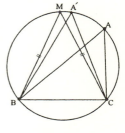

図 A.14

6.2 $\text{BC}=a$, $\text{CA}=b$, $\text{AB}=c$, $\triangle \text{ABC}=S$（面積）とおけば

$$S = \frac{1}{2}ax + \frac{1}{2}by + \frac{1}{2}cz.$$

命題 6.1 より

$$\frac{S}{3} \geq \sqrt[3]{\frac{1}{2}ax \cdot \frac{1}{2}by \cdot \frac{1}{2}cz} = \frac{1}{2}\sqrt[3]{abc \cdot xyz}$$

故に

$$\frac{8S^3}{27abc} \geq xyz.$$

ここで等号は，$\frac{1}{2}ax = \frac{1}{2}by = \frac{1}{2}cz$ のとき，つまり P が $\triangle \text{ABC}$ の重心のとき，そのときのみ起きる．

6.3 最小値をあたえる点は，対角線 AC と BD の交点 E である．実際，P を凸四角形 ABCD の内部の任意の点とするとき，図 A.15 より

$$\text{AP} + \text{CP} \geq \text{AC} = \text{AE} + \text{CE}$$
$$\text{BP} + \text{DP} \geq \text{BD} = \text{BE} + \text{DE}$$

これらを辺々加えて

$$\text{AP} + \text{BP} + \text{CP} + \text{DP} \geq \text{AE} + \text{BE} + \text{CE} + \text{DE}.$$

等号は P=E のとき，そのときのみ起きる．

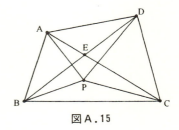

図 A.15

6.4 AB, CD を一辺とする正三角形 $\triangle \text{ABE}$, $\triangle \text{CDF}$ を，長方形の外側に描き，それら正三角形の外接円 Γ, Γ' を考えると，仮定 $a < \sqrt{3}\,b$ によって，Γ と Γ' は交わらない．EF と Γ, Γ' との（E, F 以外の）交点を P_0, Q_0 とするとき，最小値をあたえる P, Q は，$P=P_0$, $Q=Q_0$ である（図 A.16）．

その理由を以下に述べる．始めに，P が円 Γ' 内にあり，Q が円 Γ 内にあるとする．このとき，AB に平行な直線で，P, Q から等距離にあるもの（すなわち，P, Q から下した垂線の長さが等しい直線）を ℓ とする．ℓ に関する P, Q の鏡映の像

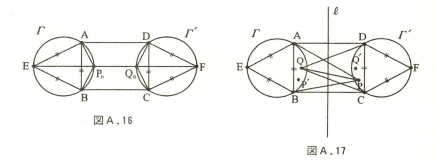

図A.16

図A.17

をそれぞれ P′, Q′ とすると,あきらかに(図A.17)
$$AP+BP+PQ+QC+QD>AP'+BP'+P'Q'+Q'C+Q'D$$
がなりたつ.そして,「P′ が円 Γ′ の外にあるか,Q′ が円 Γ の外にあるか,少なくとも一方がなりたつ.」

そこで,あらかじめ,「P が円 Γ′ の外にあるか,Q が円 Γ の外にあるか,少なくとも一方がなりたつ」と仮定してよい.

いま,P が円 Γ′ の外にあると仮定する.(Q が円 Γ の外にある場合の議論は同様である.)

△PCD は,角がいずれも 120° より小さい三角形である.PF と Γ′ との交点 Q′ は,(円周角の定理より)△PCD の各辺を 120° でのぞむ点である(図A.18).問題 6.7 の解答より,
$$AP+BP+PQ+QC+QD\geq AP+BP+PQ'+Q'C+Q'D.$$

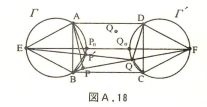

図A.18

次に EQ′ と Γ との交点を P′ とするとき,同様の理由で
$$AP+BP+PQ'+Q'C+Q'D\geq AP'+BP'+P'Q'+Q'C+Q'D.$$
定理 2.17 により,
$$AP'+BP'+P'Q'+Q'C+Q'D=EP'+P'Q'+Q'F.$$
$$\geq EF=AP_0+BP_0+P_0Q_0+Q_0C+Q_0D.$$

6.5 Γ の中心 O から ℓ に垂線を下ろし,その足を E とする.垂線と Γ との交点を C, D とする(図A.19).いま,求めるべき円 Δ が描けたとし,中心を G, Γ との接点を H, ℓ との接点を F とする.このとき,C, H, F は一直線上にある.なぜなら OC と GF は(共に ℓ に垂直なので)平行で ∠COH=∠FGH となり,二等辺三角形△OCH と△GFH が相似となって,∠CHO と∠FHG が等しくなるからである.直線 CA と円 Δ との(A 以外の)交点を B とする.方巾の定理より

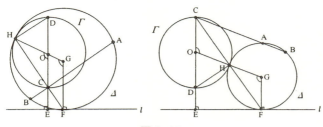

図A.19

$$CA \cdot CB = CH \cdot CF$$

一方，∠CHD が 90° なので，4点 D，F，E，H は同一円周上にあり，方巾の定理より

$$CH \cdot CF = CD \cdot CE$$

これらより

$$CA \cdot CB = CD \cdot CE$$

故に，4点 A，D，B，E は同一円周上にある．以上より

作図 Γ の中心 O から ℓ に垂線を下ろし，その足を E とする．垂線と Γ との交点を C，D とする．△ADE の外接円を描き，この円と直線 CA との（A 以外の）交点を B とする．A，B をとおり，直線 ℓ に接する円 Δ を描けば，Δ が求めるべき円である．（B＝A の場合は，直 CA と ℓ の両方に接する円を Δ とすればよい．）

なお，A，B をとおり，直線 ℓ に接する円を作図するには，AB と ℓ との交点を K とし，A，B をとおる任意の円に K より接線を引き，その接点を L とするとき，ℓ 上に，KL＝KM となる点 M をとり，三角形△ABM の外接円を描けばよい．AB と ℓ が平行のときは，線分 AB の垂直二等分線と ℓ との交点を M とすればよい．

6.6 いま，Γ，Γ′ が互いに他の外側にあり，ℓ に関して同じ側にあると仮定し，Γ と Γ′ に外接し，ℓ に接する円を作図する．（他のケースは，このケースにおける議論を修正すればよい．）

求めるべき円 Δ を描いたと仮定する（図 A.20）．その中心を P とする．Γ，Γ′ の中心と半径を，それぞれ O，O′；r，r'，ただし $r \geqq r'$，とする．O 中心に半径 $r-r'$ の円 Γ₁ を描く．ℓ と平行で，ℓ との距離が r' である直線 ℓ' を，Γ や Γ′ と反対の側に描く．このとき，P 中心で，ℓ' に接する円は，O′ をとおり，円 Γ₁ に接する．ゆえに

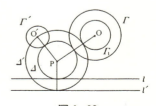

図A.20

作図 O 中心に半径 $r-r'$ の円 Γ₁ を描く．ℓ と平行で，ℓ との距離が r' である直線 ℓ' を，Γ や Γ′ と反対の側に描く．Γ₁ と ℓ' の両方に接し，O′ をとおる円 Δ′ を，

演習問題 6.5 の解答のように描く．Δ' の中心 P を中心に，l に接する円 Δ を描けば，それが求める円である．

6.7 (イ)．$\angle A = \theta$ とおくと，$\angle C = 180° - \theta$ である（図 A.21）．$\triangle ABD$, $\triangle CBD$ に関する余弦定理より

$$\cos\theta = \frac{a^2 + d^2 - y^2}{2ad}$$

$$\cos(180° - \theta) = \frac{b^2 + c^2 - y^2}{2bc}$$

これらを辺々加えると，$(\cos(180°-\theta) = -\cos\theta$ ゆえ）

$$0 = \frac{a^2 + d^2 - y^2}{2ad} + \frac{b^2 + c^2 - y^2}{2bc}$$

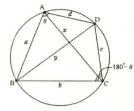

図 A.21

これより

$$\left(\frac{1}{ad} + \frac{1}{bc}\right) y^2 = \frac{a^2 + d^2}{ad} + \frac{b^2 + c^2}{bc}$$

ゆえに

$$y^2 = \frac{1}{ad + bc}\{bc(a^2 + d^2) + ad(b^2 + c^2)\}$$
$$= \frac{ab + cd}{ad + bc}(ac + bd)$$

すなわち

$$y^2 = \frac{ab + cd}{ad + bc}(ac + bd)$$

$$y = \sqrt{\frac{ab + cd}{ad + bc}(ac + bd)}$$

同様の議論を $\triangle BCA$ と $\triangle DCA$ について行うと

$$x^2 = \frac{ad + bc}{ab + cd}(ac + bd),$$

$$x = \sqrt{\frac{ad + bc}{ab + cd}(ac + bd)}$$

となる．
(ロ)．(イ)の結果より

$$xy = \sqrt{(ac + bd)^2} = ac + bd$$

となる．これがトレミーの定理である．
(ハ)．(イ)の結果より

$$\frac{y}{x} = \frac{ab + cd}{ad + bc} \quad \text{すなわち} \quad (ab + cd)x = (ad + bc)y$$

と言う関係式もえられる．
(ニ)．面積については，図 A.21 において

$$S = \triangle\mathrm{ABD} + \triangle\mathrm{CBD} = \frac{1}{2}ad\sin\theta + \frac{1}{2}bc\sin(180°-\theta).$$

となるが，$\sin(180°-\theta) = \sin\theta$ ゆえ

$$S = \frac{1}{2}(ad+bc)\sin\theta$$

ゆえに

$$S^2 = \frac{1}{4}(ad+bc)^2\sin^2\theta = \frac{1}{4}(ad+bc)^2(1-\cos^2\theta)$$

しかるに

$$\cos\theta = \frac{a^2+d^2-y^2}{2ad}$$

ゆえ

$$S^2 = \frac{(ad+bc)^2}{4}\cdot\frac{1}{4a^2d^2}\{(2ad)^2-(a^2+d^2-y^2)^2\}$$
$$= \frac{(ad+bc)^2}{16a^2d^2}(2ad-a^2-d^2+y^2)(2ad+a^2+d^2-y^2)$$

この式の y^2 に，上で得られた

$$y^2 = \frac{ab+cd}{ad+bc}(ac+bd)$$

を代入すると，分母と分子が相殺（そうさい）し，さらに因数分解できて

$$S^2 = \frac{1}{16}(a+b+c-d)(a+b-c+d)(a-b+c+d)(-a+b+c+d)$$
$$S = \frac{1}{4}\sqrt{(a+b+c-d)(a+b-c+d)(a-b+c+d)(-a+b+c+d)}$$

がえられる．この式は，問題6.3の解答にすでに出ている．

6.8 Dが辺BC上にあるか，その延長上にあるかにより，図A.22の3ケース(i)，(ii)，(iii)に分けられる．

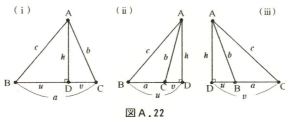

図A.22

(i)のケース，すなわちDが辺BC上にある場合を考えよう．ピタゴラスの定理より

$$u^2+h^2 = c^2,$$
$$v^2+h^2 = b^2.$$

これらを辺々，引き算すると

$$u^2 - v^2 = c^2 - b^2$$

左辺を因数分解して $u+v=a$ を用いると

$$a(u-v) = c^2 - b^2, \quad \text{すなわち } u-v = \frac{c^2-b^2}{a}.$$

これと $u+v=a$ を連立させて $u,\ v$ を解くと

$$u = \frac{a^2-b^2+c^2}{2a}, \quad v = \frac{a^2+b^2-c^2}{2a}$$

がえられる．これより

$$h^2 = b^2 - v^2 = b^2 - \frac{(a^2+b^2-c^2)^2}{4a^2}$$

$$= \frac{4a^2b^2 - (a^2+b^2-c^2)^2}{4a^2}$$

$$= \frac{\{2ab - (a^2+b^2-c^2)\}\{2ab + (a^2+b^2-c^2)\}}{4a^2}$$

$$= \frac{\{c^2 - (a-b)^2\}\{(a+b)^2 - c^2\}}{4a^2}$$

すなわち

$$h^2 = \frac{(a+b+c)(a+b-c)(a-b+c)(-a+b+c)}{4a^2},$$

$$h = \frac{\sqrt{(a+b+c)(a+b-c)(a-b+c)(-a+b+c)}}{2a}$$

となる．

ケース(ii)では，$a = u - v$ となっているので，同様の方法から

$$u = \frac{a^2+c^2-b^2}{2a}, \quad v = \frac{c^2-a^2-b^2}{2a}$$

となる．h はケース(i)と同じ式であたえられる．（この場合は，角Cが鈍角なので $c^2 > a^2 + b^2$ である．）

ケース(iii)では，$a = v - u$ となっているので，同様の方法から

$$u = \frac{b^2-a^2-c^2}{2a}, \quad v = \frac{a^2+b^2-c^2}{2a}$$

となる．h はケース(i)と同じ式であたえられる．

さいごに，△ABC の面積は，

$$S^2 = \left(\frac{1}{2}ah\right)^2 = \frac{(a+b+c)(a+b-c)(a-b+c)(-a+b+c)}{16}$$

$$S = \sqrt{\frac{a+b+c}{2} \cdot \frac{a+b-c}{2} \cdot \frac{a-b+c}{2} \cdot \frac{-a+b+c}{2}}$$

これがヘロンの公式である．

6.9 図A.23において，BD：DC＝2：3，CE：EA＝3：1，AF：FB＝4：1となっ

ている．

命題 6.4 より
$$\frac{\triangle \text{AFE}}{\triangle \text{ABC}} = \left(\frac{4}{5}\right) \cdot \left(\frac{1}{4}\right) = \frac{1}{5}.$$

同様に
$$\frac{\triangle \text{FBD}}{\triangle \text{ABC}} = \left(\frac{1}{5}\right) \times \left(\frac{2}{5}\right) = \frac{2}{25},$$
$$\frac{\triangle \text{EDC}}{\triangle \text{ABC}} = \left(\frac{3}{5}\right) \times \left(\frac{3}{4}\right) = \frac{9}{20}.$$

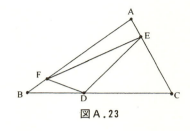

図 A.23

ゆえに
$$\frac{\triangle \text{DEF}}{\triangle \text{ABC}} = \frac{\triangle \text{ABC} - \triangle \text{AFE} - \triangle \text{FBD} - \triangle \text{EDC}}{\triangle \text{ABC}}$$
$$= 1 - \frac{\triangle \text{AFE}}{\triangle \text{ABC}} - \frac{\triangle \text{FBD}}{\triangle \text{ABC}} - \frac{\triangle \text{EDC}}{\triangle \text{ABC}}$$
$$= 1 - \frac{1}{5} - \frac{2}{25} - \frac{9}{20} = \frac{100 - 20 - 8 - 45}{100}$$
$$= \frac{27}{100}.$$

従って，△DEF の面積は 27 である．

7.1 二円の中心，半径をそれぞれ A, B, r_1, r_2 とする．二円の接する円の中心を P, 半径を r とする．$r_1 = r_2$ ならば，P の軌跡は AB の垂直二等分線である．$r_1 > r_2$ とする．図 A.24 の左図のように接している場合は
PA − PB = $(r + r_1) − (r + r_2) = r_1 − r_2$
　　　　　　　　（一定）
図 A.24 の右図のように接している場合は
PA − PB = $(r − r_1) − (r − r_2) = r_2 − r_1$
　　　　　　　　（一定）

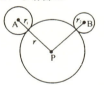

図 A.24

となる．どちらの場合も，点 P は，|PA−PB| = $r_1 − r_2$（一定）となる双曲線上にある．逆にこの双曲線上の点 P は，(PA > PB のときは，) P 中心，半径 r = PA − r_1 の円が 2 円に接する．ゆえに，この双曲線が軌跡である．

図 A.25 のように 2 円に接している場合は，同様の議論により，点 P の軌跡は
|PA − BP| = $r_1 + r_2$
となる双曲線である．

一方の円が他方の円に含まれている場合は，図 A.26 の左図のように接しているときの点 P の軌跡は，同様の議論により

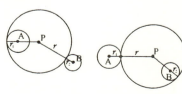

図 A.25

$$\mathrm{PA+PB}=r_1+r_2 \text{ （一定）}$$
となる楕円であり，図A.26の右図のように接しているときの点Pの軌跡は
$$\mathrm{PA+PB}=r_1-r_2 \text{ （一定）}$$
となる楕円である．

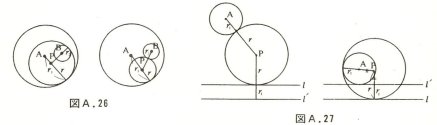

図A.26

図A.27

　中心A，半径 r_1 の円と，直線 l に接する円の中心Pの軌跡は，同様の議論により，Aを焦点，l と平行で l との距離が r_1 である直線 l' を準線とする放物線である（図A.27）．

7.2　図A.28において，PRは漸近線 $y=\dfrac{b}{a}x$ に平行である．それゆえ，直角三角形 $\triangle$QPR にピタゴラスの定理を用いて

$$\begin{aligned}\mathrm{PR}^2 &= \mathrm{PQ}^2+\mathrm{QR}^2 = \mathrm{PQ}^2+\left(\frac{b}{a}\mathrm{PQ}\right)^2 \\ &= \left(1+\frac{b^2}{a^2}\right)\mathrm{PQ}^2 = e^2\mathrm{PQ}^2 \quad (e \text{ は離心率}) \\ &= \mathrm{PF}^2\end{aligned}$$

ゆえに PR=PF となる．

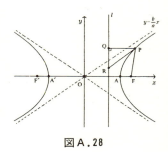

図A.28

8.1　放物線の焦点をF，準線を l とおく．Q，Rから l に下した垂線の足を，それぞれU，Vとおく（図A.29）．
　FQ=UQ，$\angle$UQP=$\angle$FQP
　FR=VR，$\angle$VRP=$\angle$FRP
なので，$\triangle$UQP≡$\triangle$FQP，$\triangle$VRP≡$\triangle$FRP である．とくに UP=FP=VP となり，
$\triangle$PUV は二等辺三角形である．ゆえに l=UV に垂直な PS は，UV の垂直二等分線である．UQ，VR は PS に平行

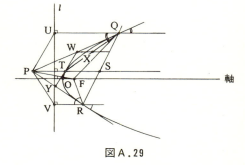

図A.29

なので，S は QR の中点である．

次に PS と放物線の交点 T より放物線に接線を引き，PQ との交点をW とする．W から軸に平行な直線を引き，QT との交点をX とおく．このとき，上と同じ理由でX は QT の中点である．△QPT の中点連結定理よりW は PQ の中点ある．

点 T での放物線の接線 TW と PR の交点をY とおくと，W が PQ の中点であることと同じ理由で，Y は PR の中点である．それゆえ，中点連結定理より，WY は QR に平行となり，従って T は PS の中点となる．

9.1 ここではメネラウスの定理を用いた解答をあたえる．（代数的な証明は，読者自ら考えて下さい．）

本文の第三証明と，ほとんど同じである．すなわち，AB′ と A′C の交点を S，AB′ と BC′ の交点を T，A′C と BC′ の交点を U とおき，三角形△STU に関して，その辺をいろいろな直線で切った点に関するメネラウスの定理を用いる（図A.30）．

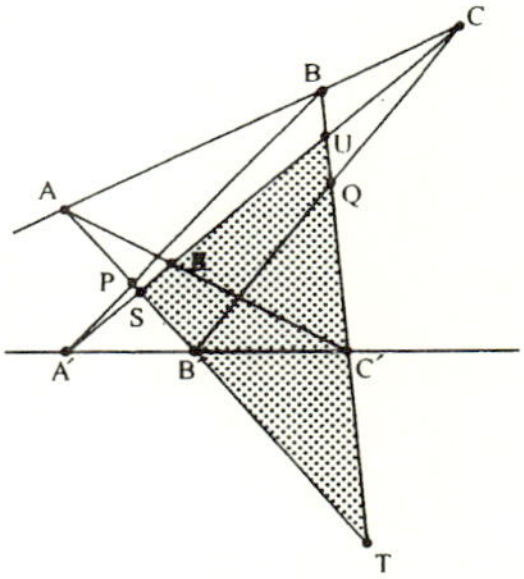

直線 B′C で切って

$$\frac{B'T}{SB'} \cdot \frac{QU}{TQ} \cdot \frac{CS}{UC} = -1$$

直線 A′B で切って

$$\frac{PT}{SP} \cdot \frac{BU}{TB} \cdot \frac{A'S}{UA'} = -1$$

直線 AC′ で切って

図A.30

$$\frac{AT}{SA} \cdot \frac{C'U}{TC'} \cdot \frac{RS}{UR} = -1$$

これら三式を辺々かけ，積の順序をかえると，

$$\left(\frac{PT}{SP} \cdot \frac{QU}{TQ} \cdot \frac{RS}{UR}\right) \cdot \left(\frac{AT}{SA} \cdot \frac{BU}{TB} \cdot \frac{CS}{UC}\right) \cdot \left(\frac{B'T}{SB'} \cdot \frac{C'U}{TC'} \cdot \frac{A'S}{UA'}\right) = -1.$$

ここで第 2，第 3 のカッコの中は，△STU の辺をそれぞれ直線 AB，A′B′ で切った点に関するメネラウスの定理より，－1 に等しい．ゆえに

$$\frac{PT}{SP} \cdot \frac{QU}{TQ} \cdot \frac{RS}{UR} = -1.$$

ゆえに△STU に関するメネラウスの定理の逆定理より，三点P，Q，R は一直線上にある．

10.1 定理10.8 と記号を換える．図A.31の左図は，円が△ABC の内接円になっている場合であり，右図は，円が外接円になっている場合である．どちらの場合も（円の接線の性質より）

$$AE = AF, \quad BD = BF, \quad CD = CE$$

173

となっている．ゆえに
$$\frac{FB}{AF} \cdot \frac{DC}{BD} \cdot \frac{EA}{CE} = 1$$
となる．従ってチェバの定理の逆定理より，三直線 AD，BE，CF は一点で交わる．

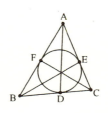

図A.31

10.2 $y^2 - 4px = 0$ の x, y を $x = X/Z$, $y = Y/Z$ とおくと
$$(Y/Z)^2 - 4p(X/Z) = 0.$$
分母を払うと
$$Y^2 - 4pXZ = 0.$$
この式で $Z = 0$ とおけば $Y = 0$ となる．すなわち，この放物線は無限遠点 $(X : Y : Z) = (1 : 0 : 0)$ をとおる．（$Z = 0$ とおけば $Y^2 = 0$ となる．これは，放物線が無限遠直線と $(1 : 0 : 0)$ で接していることを意味する（図A.32）．）

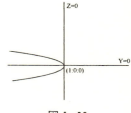

図A.32

11.1 図11.3において，P，Q，R が一直線上にあることは，パップスの定理よりわかる．

△BA′C′ と△B′AC にデザルグの定理を適用すれば，P，Q，S が一直線上にある．両方合わせると，4点P，Q，R，S は一直線上にある．（パップスの定理を用いなくても，このことと，△AB′C′ と△A′BC にデザルグの定理を再度適用すれば，P，R，S が一直線上にあるので，合わせて，4点P，Q，R，S は一直線上にあることがわかる．）

11.2 定理11.1-c の証明　図11.6において，A をとおり BC に平行な直線と，A′ をとおり B′C′ に平行な直線の交点を S とする（図A.33）．△AA′S と△CC′Q は対応する辺がそれぞれ平行なので相似であり，その相似の中心は，AC と A′C′ の交点 R である．ゆえに（頂点をむすぶ直線）SQ 上に R があり，3点S，Q，R は一直線上にある．

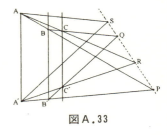

図A.33

同様に，△AA′S と△BB′Q は相似で，相似の中心が P なので，3点S，Q，P は一直線上にある．

合わせて，4点S，P，Q，R は一直線上にあり，とくに3点P，Q，R は一直線上にある．

定理11.1―dの証明　図11.7において，四角形□AA′C′Cは，対辺が平行なので，平行四辺形である．とくにAA′=CC′である．ゆえに

$$\frac{PA}{PB}=\frac{AA'}{BB'}=\frac{CC'}{BB'}=\frac{QC}{QB}$$

ゆえに

$$\frac{BA}{BP}=\frac{BP-AP}{BP}=1-\frac{AP}{BP}=1-\frac{CQ}{BQ}=\frac{BQ-CQ}{BQ}=\frac{BC}{BQ}$$

となり，AC//PQとなる．

11.3　定理11.4の双対定理は，次のようにのべられる．

定理11.4*　1点で交わらない3直線 a, b, c がある．d をこれらの交点をとおらない直線とする．a と d の交点 $a \cap d$ をとおる直線 p ($p \not= a$, d)，$b \cap d$ をとおる直線 q ($q \not= b$, d)，$c \cap d$ をとおる直線 r ($r \not= c$, d) を任意にとる．

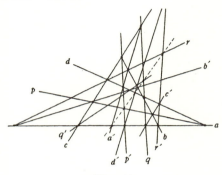

図A.34

(i) $b \cap r$ と $c \cap q$ をむすぶ直線を a' とおき，$d \cap a'$ と $b \cap c$ をむすぶ直線を p' とおく．
(ii) $c \cap p$ と $a \cap r$ をむすぶ直線を b' とおき，$d \cap b'$ と $a \cap c$ をむすぶ直線を q' とおく．
(iii) $a \cap q$ と $b \cap p$ をむすぶ直線を c' とおき，$d \cap c'$ と $a \cap b$ をむすぶ直線を r' とおく．

このとき

(イ) $a \cap p'$, $b \cap q'$, $c \cap r'$ は一直線上にある．この直線を d' とおく．
(ロ) 7点 $a \cap a'$, $b \cap b'$, $c \cap c'$, $d \cap d'$, $p \cap p'$, $q \cap q'$, $r \cap r'$ は一直線上にある．
　（図A.34）

12.1　t をパラメーターとして

$$y-x^2+t(10x^2-y^2-5)=0$$

とおく．$x=0$, $y=5$ とおいて代入すると

$$5+t(-25-5)=0, \quad t=\frac{1}{6}.$$

ゆえに，求めるべき二次曲線は

$$y-x^2+\frac{1}{6}(10x^2-y^2-5)=0$$

すなわち
$$4x^2 - y^2 + 6y - 5 = 0$$
である．これは
$$-x^2 + \frac{(y-3)^2}{2^2} = 1$$
と書けるので，双曲線である．

12.2 直線 TU を L_1，VW を L_2，RS を L_3 とおく（図 A.35）．L_1 と L_2 の交点を X とおく．X は V，W，T，U のどの点とも ことなる点で，とくに X は E 上にない点である．さて三次曲線
$$C' = C \cup L_1, \quad D' = D \cup L_2, \quad E' = E \cup L_3$$
を考える．C' と D' の交点は

$C' \cap D' = \{P, Q, R, S, T, U, V, W, X\}$
の9点である．

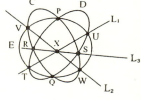

図 A.35

E' は，このうちの8点 P，Q，R，S，T，U，V，W を含むので，定理12.1より，残りの1点 X も含む．

X は E に含まれないので，X は $L_3 = $ RS に含まれる．ゆえに，3直線 RS，TU，VW は1点 X で交わる．

参考文献

本書を書くために，特に参考にした文献をあげておく．

[1] 安倍齊：幾何の風景，1997（第1刷），森北出版．

[2] ユークリッド：ユークリッド原論——縮刷版——中村幸四郎・寺阪英
孝・伊東俊太郎・池田美恵共訳，1996（第2刷），共立出版社．

[3] 岩田至康（編）：幾何学大事典，1983（第7刷），槇書店．

[4] 難波誠：代数曲線の幾何学，1992（第2刷），現代数学社．

[5] 佐々木重夫：解析幾何学，1960（第2版），養賢堂．

[6] 寺阪英孝：初等幾何学，1970（第14刷），共立出版．

[7] D.ウェルズ：不思議面白幾何学事典，宮崎興二・藤井道彦・日置尋
久・山口哲共訳，2002（第1刷），朝倉書店．

[8] 矢野健太郎：幾何の有名な定理，1984（第4刷），共立出版．

[9] W. Fulton : Algebraic Curves, 1969, Benjamin.

[10] R.ハーツホーン：幾何学Ⅰ，Ⅱ，難波 誠 訳，2012（第1版），
丸善出版．

[11] M. Namba : Geometry of Projective Algebraic Curves, 1984,
Marcel Dekker.

[12] 清宮俊雄：初等幾何学，2009（第3版），裳華房

索　引

A	
アポロニウスの円	6.7
アルキメデス	8.2
B	
ブリアンションの定理	10.3
（点の）巾（べき）	5.3
C	
チェバの定理	1.2
超越数	3.2
（楕円の）長軸	7.1
（円の）直交	4.3
（射影平面の）直線	10.6
（放物線の）頂点	7.1
中心角	1.2
D	
楕円	7.1
楕円関数	6.7
（n 次代数曲線）	11.6, 12.4
デロス神殿の問題	3.2
デザルグの定理	11.1
ドモアブルの公式	5.8
E	
円系	5.3
（楕円的）円系	5.3
（放物的）円系	5.3
（双曲的）円系	5.3
円積	3.2
円周角	1.2
円周角の定理	1.2

円錐曲線	7.1
F	
フィロ線	6.2
フォイエルバッハの定理	2.1
複比	5.2
複素射影平面	12.3
複素数平面	5.8
G	
ガウス平面	5.8
H	
配影	9.4
判別式	12.2
反転	4.3, 5.2
偏角	5.8
変換	4.1
ヘロンの公式	6.3
ヒポクラテスの定理	6.9
非ユークリッド幾何学	5.5
方巾（ほうべき）の定理	4.2
標準形	12.1, 12.2
J	
（放物線の）軸	7.1, 8.2
（楕円，双曲線の）準線	7.2
（放物線の）準線	7.1
K	
（作図における）解析	6.5
回転放物面	8.2
（曲線間の）角	4.3

角の三等分問題	3.2		
カルノーの定理	2.3		
カスプ	12.2		
可約	9.5		
可約三次曲線	12.2		
ケプラーの法則	7.5		
軌跡	6.7, 7.1		
軌跡問題	6.7		
既約代数曲線	11.6		
既約二次曲線8.1			
既約二次式	8.1		
既約三次曲線	12.2		
根軸	5.3		
格子点	6.9		
交点	11.3		
交点数	8.2		
恒等変換	4.1, 5.2		
靴屋のナイフ	4.4		
鏡映	4.1, 5.2		
（双曲平面の）鏡映	5.7		
極	8.3, 10.2		
（複素数の）極表示	5.8		
極線	8.3, 10.2		
曲線のパラメータ表示	6.7		
極座標表示	7.4		
極座標系	7.4		
九点円	2.1		

M

メネラウスの定理	9.3		
モンジュの定理	11.5		
モーレーの定理	3.1		
無限遠点	10.6		
無限遠直線	10.6		

N

ナポレオンの定理	解答3.2
二次曲線	8.1, 10.6
ノード	12.2

O

オーベルの定理	2.3
大原利明の定理	4.4
オイラーの定理	2.1, 12.4

P

パップスの円環定理	4.4
パップスの定理	6.8, 9.6
（二次曲線の）パラメーター族	12.1
（三次曲線の）パラメーター族	12.4
パスカルの定理	9.1, 10.1
ピタゴラスの定理	2.4
ポアンカレのモデル	5.6
ポンスレーの双対原理	10.5

R

レムニスケート	6.7
離心率	7.2

S

サイクロイド	6.7
最速降下線の問題	6.7
スチュワートの公式	6.8
成分	9.5, 12.2
斉次座標	10.6
清宮の定理	2.3
整数点	6.9
接線	8.2
接点	8.2
射影	9.4, 10.1
射影平面	10.6

射影変換	10.6	双対定理		11.6
射影幾何学	10.1	垂心		1.1
写像	4.1	垂足三角形		1.3
シムソンの定理	2.2			
焦点	7.1, 8.1	**T**		
（放物線の）焦点	7.1	（楕円の）短軸		7.1
（双曲的円系の）焦点	5.3	特異点		12.2
（二円の）焦点	5.3	トレミーの定理		2.4
（双曲線の）主軸	7.1			
シュタイナーの定理	2.2, 5.1	**Y**		
相似法	6.1	四次曲線		6.7
双曲幾何	5.5	ユークリッド幾何学		5.5
双曲線	7.1	有理点		12.3
（一般的）双対原理	11.6			
双対平面	11.6	**Z**		
双対曲線	11.6	（双曲線の）漸近線		7.1
双対命題	10.5	（複素数の）絶対値		5.8

著者紹介：

難波　誠（なんば・まこと）

1943 年　山形県生れ　東北大卒

理学博士　Ph.D.

大阪大学名誉教授

著書：・改訂新版 代数曲線の幾何学，現代数学社，2018
・改訂新版 群と幾何学，現代数学社，2023
・合同変換の幾何学，現代数学社，2024
・Geometry of projective algebraic curves, Marcel Dekker, 1984.
・Branched coverings and algebraic functions, Longman, 1987.
他.

改訂新版　平面図形の幾何学

2025 年 2 月 21 日　初版第 1 刷発行

著　者　　難波　誠

発行者　　富田　淳

発行所　　株式会社　現代数学社
〒 606−8425 京都市左京区鹿ヶ谷西寺ノ前町 1
TEL 075 (751) 0727　FAX 075 (744) 0906
https://www.gensu.co.jp/

装　帧　　中西真一（株式会社 CANVAS）

印刷・製本　　有限会社 ニシダ印刷製本

ISBN 978−4−7687−0657−2　　　　　　　　　　　　Printed in Japan

● 落丁・乱丁は送料小社負担でお取替え致します.
● 本書のコピー、スキャン、デジタル化等の無断複製は著作権法上での例外を除き禁じられています。本書を代行業者等の第三者に依頼してスキャンやデジタル化することは、たとえ個人や家庭内での利用であっても一切認められておりません。

ⓒ Makoto Namba